Michael Niehaus
Roger Wisniewski

Management by Sokrates

[Was die Philosophie der
Wirtschaft zu bieten hat]

Verlagsredaktion: Ralf Boden
Technische Umsetzung: Holger Stoldt, Düsseldorf
Umschlaggestaltung: Gabriele Matzenauer, Berlin
Titelfoto: © Thomas Schmidt / Greek School, getty images

Informationen über Cornelsen Fachbücher und Zusatzangebote:
www.cornelsen.de/berufskompetenz

1. Auflage

© 2009 Cornelsen Verlag Scriptor GmbH & Co. KG, Berlin

Druck: Druckhaus Thomas Müntzer, Bad Langensalza

ISBN 978-3-589-23676-3

 Inhalt gedruckt auf säurefreiem Papier aus nachhaltiger Forstwirtschaft.

SOKRATES FÜR MANAGER?

Einmal angenommen, der alte Sokrates würde uns heute einen Besuch abstatten. Was hätte er uns zu sagen, was würde er tun? Er würde uns – wie damals auf der Agora – in Gespräche verwickeln und uns nach den Gründen für unser Denken und Tun befragen. Sokrates würde uns aber nicht nur im Privaten aufsuchen, sondern er würde auch Führungskräfte von Banken und Unternehmen, genauso wie Politiker mit seinen Fragen nach guter Führung, nach der richtigen Strategie und der Verantwortung für ihr Handeln konfrontieren.

Philosophie und Wirtschaft miteinander ins Gespräch zu bringen, das ist die Ausgangsidee dieses Buches. Dabei geht es nicht um den moralischen Zeigefinger, der in Zeiten von Krisen und offensichtlichem Fehlverhalten einer ganzen Managerkaste allzu leicht erhoben wird. Es geht vielmehr darum, ein philosophisches Denken, ein sokratisches Philosophieren aufzuzeigen, das den Verantwortlichen Hilfestellung und Orientierung an die Hand geben und an dem jeder teilnehmen kann.

Um es aber gleich vorweg zu sagen: Es gibt kein Management mit Philosophie. Philosophie ist keine Methode. Es geht vielmehr darum, aus einer philosophischen Haltung heraus zu denken und zu handeln, d.h. offen zu sein, immer wieder aufs Neue zurückzutreten und zu staunen, Selbstverständliches anzuzweifeln und einen kritischen Blick hinter die Kulissen zu werfen.

Philosophieren in der Tradition des Sokrates bedeutet, eigenes Handeln kritisch zu hinterfragen und sich Rechenschaft über sein Handeln zu geben. Mit der sokratischen Philosophie steht eine praktische und wirkungsvolle Form der Gesprächsführung zur Verfügung, die persönliche Entwicklung befördert und unternehmerische Prozesse nachhaltig unterstützt.

Berlin und Dortmund im Januar 2009

Roger Wisniewski und *Michael Niehaus*

DIE AUTOREN

Roger Wisniewski ist Geschäftsführer einer Unternehmensberatung. Er studierte Ingenieurwissenschaften und arbeitet als Personalberater, Trainer und Coach in den Bereichen Führungskräfteentwicklung, Vertriebsoptimierung und -consulting.

roger.wisniewski@whp-training.de

Michael Niehaus ist Philosoph und philosophischer Berater für Unternehmen, Organisationen und Privatpersonen. Studium der Philosophie, Sozialpsychologie und Germanistik, M.A., Mitarbeiter einer Forschungs- und Beratungseinrichtung des Bundes.

niehaus@pro-phil.de

DANKSAGUNG

Das Buch basiert auf der langjährigen philosophischen Arbeit in Form von Seminaren und Beratungsleistungen für Unternehmen, Organisationen und Einzelpersonen. Unser Dank gilt diesen Kunden für anregende Reflexionsprozesse und das konstruktive Feedback.

Ein wesentlicher Bezugspunkt für die Weiterentwicklung von philosophischen Beratungsansätzen ist der Austausch mit den Kolleginnen und Kollegen in der Internationalen Gesellschaft für Philosophische Praxis (IGPP). Ihnen danken wir für wichtige Hinweise und die Arbeit an der gemeinsamen Sache.

Besonders danken möchten wir Drs. Simone und Thomas Stölzel sowie Andrea Hastrich für das Gegenlesen des Manuskripts.

Die Website der Autoren:
www.management-by-sokrates.de

INHALT

Für Petra, Sarah, Thomas,

Anna, Saskia, Milena

1 EINLEITUNG

Michael Niehaus und Roger Wisniewski

1.1 Management by Sokrates – Worum geht es?

Der Titel „Management by Sokrates" knüpft an die allseits bekannten Konzepte des „Management by ..." an, etwa an das „Management by Objectives", zu Deutsch „Führen mit Zielen", ein in vielen deutschen Unternehmen seit Jahrzehnten erprobtes System, Mitarbeiter angemessen zu führen.

Doch was hat hier Sokrates zu suchen, der klassische Philosoph des griechischen Altertums?

Sokrates steht für die große Revolution des europäischen Denkens und gleichzeitig für die radikale Irritation und Infragestellung der bestehenden Verhältnisse in Unternehmen, ja, in der gesamten Gesellschaft – zu seiner Zeit, vor ca. 2.400 Jahren im Athen der griechischen Antike, wie auch in unserer Gegenwart.

Sokrates steht für die Idee des grundsätzlichen kritischen Fragens, das alle bisherigen gesellschaftlichen und unternehmerischen Konventionen unterwandert, das den Gesprächspartnern den Boden unter den Füßen entziehen kann, das uns auch heute noch den Spiegel vorhält und sagt: Im Grunde weißt du eigentlich gar nicht, was du da tust!

Wenn dem wirklich so ist, dass Sokrates der Stachel im Fleisch ist, die nervige Fliege, die unser bisheriges Tun und Handeln nur stört und uns verunsichert, was soll dann der Nutzen für die Führung von Unternehmen und deren Mitarbeiter sein? Während das „Führen mit Zielen" ein allseits bewährtes Managementinstrument ist, was kann mir das „Management by Sokrates" bieten?

Ziel des Buches ist es, das Potenzial des Philosophierens für die Unternehmens- und Mitarbeiterführung anschaulich und praxisnah zu machen. Anhand typischer Situationen des beruflichen Alltags wird beispielhaft gezeigt, welche grundsätzlichen Fragen aus Sicht der Philosophie hier aufgeworfen werden und welche Orientierung die Philosophie dem Manager von heute bieten kann.

Dem Leser kann somit deutlich werden, dass es für viele berufliche Problemstellungen alternative Lösungsmöglichkeiten gibt. Philosophische Praxis verändert in diesem Sinne die Perspektive und macht so auch neue Handlungsoptionen erkennbar.

Philosophie und Management – wie passt das zusammen?

Die Philosophie wird in der Managementliteratur meistens auf den Bereich der (Wirtschafts-)Ethik beschränkt. Damit werden große Teile dessen, was philosophisches Handeln zu bieten hat, ausgeblendet.

Die philosophische Reflexion von Fragen der Unternehmensführung macht deutlich, dass es auf die grundsätzlichen Fragen von Strategie, Führung oder Innovation keine Lösungen von der Stange geben kann.

Das Buch zeigt deutlich, dass das vereinfachte Denken in „Tools und Rezepten" mit standardisierten Checklisten nur zu kurzfristigem Aktionismus führt und den eigentlichen Herausforderungen an eine gute Unternehmensführung nicht gerecht wird.

An diese Erfahrung, die jede verantwortungsbewusste Führungsperson gemacht hat, wenn sie denn ihr eigenes Handeln hinterfragt, knüpft das Buch an und zeigt, welche Alternativen das Philosophieren bieten kann.

In diesem Sinne versucht dieses Buch Fragen zu stellen. Es will kein „Ratgeber" mit vorschnellen Tipps sein, vielmehr fundierte Anregungen zum eigenen Nachdenken bieten. Vielleicht wird dabei das eigene Handeln und Denken radikal infrage gestellt, vielleicht wird scheinbar Selbstverständliches fragwürdig, vielleicht gehen Sie morgen mit anderen, neuen Fragen in die Teambesprechung mit Ihren Mitarbeitern.

Wenn die Lektüre Zweifel gesät und das kritische Hinterfragen der bisherigen Standpunkte und Ansichten begonnen hat, ist vieles erreicht. Denn dann beginnt ein Um-Denken, das Suchen, die Reise zu neuen und anderen Gegenden, die neue und andere Perspektiven auf das Bisherige ermöglichen.

1.2 Der Faden der Ariadne – Zum Aufbau des Buches

Ausgangspunkt des Buches ist der individuelle Mensch, der sein Leben bewusst führt. Daran schließen sich einzelne Aspekte und Herausforderungen der täglichen Arbeit als Führungsperson an. Im Mittelpunkt stehen dabei die Frage nach der „guten Führung" und die Methode des sokratischen Gruppen- und Einzelgesprächs.

Der Text wird immer wieder durch Infoboxen mit weiterführenden Informationen erweitert. Reflexionsfragen regen den inneren Dialog des Lesers mit den aufgeworfenen Fragen an. Hierbei wird der sokratische Impuls des skeptischen Hinterfragens, des Nichtwissens und des Selbst-Denkens aufgegriffen. In jedem Kapitel finden sich Beispiele und Illustrationen aus dem Unternehmensalltag, die das jeweilige Thema exemplarisch veranschaulichen sowie Hintergrundinformationen bieten.

Folgenden Grundsatzfragen in Bezug auf die Einsatzmöglichkeiten sokratischen Philosophierens sollten sich Führungskräfte und Mitarbeiter immer wieder stellen:

Einsatzmöglichkeiten sokratischen Philosophierens

Unternehmenskultur / -ethik

- Was macht unser Unternehmen aus, für welche Werte und Überzeugungen steht es?
- Was ist ein gutes Unternehmen?

Philosophische Lebensführung

- Wie gehe ich mit mir selbst um, was sind meine persönlichen Ziele und Werte?
- Wie könnte ich mich selbst führen, um andere gut führen zu können?
- Wie gehe ich mit meinen Ressourcen um, welche Prioritäten setze ich?
- Welche Bedeutung und welchen Sinn hat die Arbeit für mich?

Mitarbeiter und Unternehmensführung

- Was ist gute Führung?
- Kann ich Mitarbeiter wirklich motivieren, und wenn ja, wie?

Entscheiden und Handeln

- Nach welchen Kriterien entscheide und handele ich?
- Kann ich mein Handeln verantworten?
- Gibt es die viel zitierten „Zwänge der Wirtschaft" wirklich?
- Wie gelange ich vom situativen Handeln zu einem langfristigen strategischen Ansatz?

Kommunikation

- Warum misslingt Kommunikation so häufig?
- Was ist mit unseren Begriffen eigentlich gemeint?
- Wie lassen sich Besprechungen, Meetings und Konferenzen erfolgreicher gestalten?

Konkurrenz und Kooperation

- Ist der Mensch dem Menschen wirklich ein Wolf?
- Wie entsteht Vertrauen in Netzwerken und Teams?

Wissensmanagement

- Was ist Wissen?
- Lässt sich Wissen wirklich managen?
- Was ist Innovation und Kreativität? Wie kommt Neues in die Welt?

2 SOKRATES ZUR EINFÜHRUNG

Roger Wisniewski

2.1 Ursprung, Hintergründe, Geschichtliches

Unser Wissen über Sokrates (*469 v. Chr. in Athen, †399 v. Chr. ebenfalls in Athen) verdanken wir im Wesentlichen fünf unterschiedlichen Quellen, wobei alle Informationen seine zweite Lebenshälfte betreffen, über die erste ist nichts bekannt:

- Platon als seinem bedeutendsten Schüler, der auch heute noch als einer der einflussreichsten Philosophen überhaupt gilt. Es gibt 36 Werke, die ihm zugeschrieben werden, von denen einige möglicherweise nicht von ihm verfasst worden sind. Bei seinen frühen Dialogen ist davon auszugehen, dass es sich um die Lehren des Sokrates handelt, die teilweise in wörtlichen Zitaten wiedergegeben werden.

- Xenophon, ebenfalls Schüler, aber auch Politiker, Feldherr und Schriftsteller, der in seinen „Memorabilia", seinen wichtigsten historischen Aufzeichnungen, Sokrates als seinen von ihm verehrten Lehrer in mehreren Dialogen schilderte.
- Aristophanes, Athener Komödiendichter, persiflierte Sokrates spöttisch u.a. wegen seines Verzichts auf Schuhwerk und seines seltsam anmutenden Ganges in seiner Komödie „Die Wolken", die im Jahr 423 v. Chr. uraufgeführt wurde.
- Diogenes Laertius, spätantiker Philosophiehistoriker; sein Werk (ca. 220 n. Chr.) gilt als die umfangreichste erhaltene Quelle zur Geschichte der griechischen Philosophie in der Antike.
- Aristoteles, der als Platons Schüler an einigen Stellen seines Werkes Hinweise auf Sokrates gegeben hat.

Sokrates galt nicht als schöner Mann. Er war kein Adonis, eher waren seine Gestalt und sein Gesicht untypisch für griechische Männer: rundlicher Kopf mit einem der Zeit gemäßen Vollbart, einer breiten, flachen Nase und wulstigen Lippen. Seine gedrungene Gestalt zierte ein enormer Bauch, den er nach eigener Aussage durch Tanzen wieder loszuwerden suchte.

Übereinstimmend berichten Platon und Xenophon über die ihn charakterisierenden Verhaltensweisen. Jeden Tag, das ganze Jahr über, war er in ein einfaches und schäbiges Gewand gekleidet. Er bewegte sich am liebsten ohne Schuhwerk. Jede, modern gesprochen, Konsumlust schien ihm fremd gewesen zu sein. Auf dem Marktplatz von Athen, der Agora, auf dem sich Sokrates täglich aufhielt, wurde eine Fülle an Waren angeboten. Sein bezeichnender Kommentar über das Warenangebot lautete: *„Wie zahlreich sind doch die Dinge, derer ich nicht bedarf."* – Er fühlte sich reich in seiner einfachen Lebensweise.

Bei geselligen Zusammenkünften (Symposien) und den damit verbundenen Gelagen vertrug Sokrates mehr als alle anderen Mittrinker. So lässt Xenophon ihn in seinem fiktiven Gastmahl „Symposion" sagen: *„Also meine Herren, das Trinken scheint mir auch richtig. Denn der Wein begießt die Seelen. Dadurch schläfert er die Trauer ein wie* ein Alraun die Menschen und weckt die Fröhlichkeit wie das Öl die Flamme. *Allerdings scheint es mit den Gelagen der Männer genauso zu gehen wie mit den Pflanzen auf der Erde. Auch sie können sich nicht aufrecht halten und von den kühlen Lüften durchwehen lassen, wenn sie der Gott allzu reichlich begießt. Wenn sie aber nur so viel trinken, wie ihnen Freude macht, dann wachsen sie ganz gerade, gedeihen und kommen zum Fruchtansatz.* " (Erinnerungen an Sokrates, Reclam, 2002). Sokrates gab sich den Genüssen hin, gehörte zu den letzten Zechern, die sich auf den Heimweg machten, um am nächsten Morgen als Erster wieder auf den Beinen zu sein.

Im Alter von 70 Jahren, nachdem er in einem Prozess in Athen zum Tode durch die Einnahme von Gift verurteilt wurde, verabreicht durch den so genannten Schierlingsbecher, ging sein Leben auf unrühmliche Weise zu Ende. Der Vorwurf lautete, er verderbe die Jugend Athens und erkenne die Götter der Stadt nicht an. Seine Freunde und Schüler wollten ihn vor dem Schierlingsbecher retten, doch lehnte Sokrates dies ab, da er sich an die Gesetze, die Rechtsprechung und das über ihn ergangene Urteil gebunden fühlte. Er nahm das Gift, wie es Platon in seinem Dialog „Phaidon" berichtet, völlig gefasst und in großer Gelassenheit zu sich.

Mit seiner Frau Xanthippe hatte er drei Söhne, die wohl zur Zeit des Prozesses noch kleinere Kinder waren und über die ansonsten wenig berichtet ist; Informationen über seine Frau sind ebenfalls spärlich. Sie galt manchen ihrer Zeitgenossen allerdings als eine zänkische und herrschsüchtige Dame und wird deshalb in allen Berichten eher negativ gezeichnet. Vielleicht auch deshalb, weil sie alles daran setzte, Sokrates vom Philosophieren abzuhalten: Es wird berichtet, sie habe ihm einen Eimer schmutzigen Wassers über den Kopf geschüttet, ein anderes Mal sei sie hinter ihm her gerannt, um ihm in aller Öffentlichkeit den Mantel vom Leib zu reißen. Alkibiades fand die keifende Xanthippe unausstehlich. Sokrates selbst antwortete einmal auf die Frage, warum er mit Xanthippe zusammenlebe, so: *„Ich legte mir eine Frau zu, weil ich gewiss war, wenn ich sie ertragen könnte, würde ich mich leicht in alle Menschen finden können."* Auf die Frage eines Atheners, ob er heiraten solle oder nicht, antwortete Sokrates: *„Was du auch tust, du wirst es bereuen."*

Es ist zu vermuten, dass er die Versorgung seiner Familie sowie seine ehelichen und väterlichen Pflichten vernachlässigte, weshalb seine Frau oft ungehalten war. Er führte nach ihrer Meinung auf der Agora und anderswo unnütze Gespräche, statt sich um seine Familie zu kümmern und einen ordentlichen Beruf auszuüben.

Wer waren Sokrates Eltern, woher stammte er? Sein Vater Sophroniskos war Steinmetz und Bildhauer. Den väterlichen Beruf erlernte Sokrates ebenfalls und übte ihn wohl auch einige Jahre aus. Seine Mutter Phainarete war als Hebamme tätig. Dies ist insofern von Bedeutung, weil Sokrates seine Art der Gesprächsführung gewissermaßen als Geburtshilfe für Gedanken sah und deshalb als „Mäeutik" (Hebammenkunst) bezeichnete. Er ging davon aus, dass die Wahrheit in jedem Menschen eingeboren ist und nur ans Licht gebracht werden muss.

Sokrates war, wie die Quellen berichten, ein Vorbild an Selbstbeherrschung, suchte ständig die Gemeinschaft mit anderen, lebte, dank einer kleinen Erbschaft seines Vaters, ohne arbeiten zu müssen, in bescheidenen Verhältnissen. Geschenke der Reichen lehnte er ab und musste sich deshalb auch nie bei ihnen bedanken oder sich vor ihnen verbeugen.

Als Fußsoldat hat er von 432 bis 429 v. Chr. während des Peloponnesischen Krieges zwischen Athen und Sparta (431 bis 404 v. Chr.) an der Belagerung von Poteidaia im Norden Griechenlands, nahe Thessaloniki, teilgenommen, wo er seinem Schüler Alkibiades das Leben gerettet haben soll. Sokrates hatte, wie zur antiken Zeit in Griechenland üblich, Knaben als Schüler und Liebhaber, Alkibiades war einer davon.

Sokrates war ein begnadeter Lehrer. Karl Jaspers hat dies in seinem Hauptwerk „Die großen Philosophen", 1957, so formuliert: *„Was ihm Erziehung heißt, ist nicht ein beiläufiges Geschehen, das der Wissende am Unwissenden bewirkt, sondern das Element, in dem Menschen miteinander zu sich selbst kommen, indem ihnen das Wahre aufgeht.*

Die Jünglinge halfen ihm, wenn er ihnen helfen wollte. So geschah dieses: die Schwierigkeiten im scheinbar Selbstverständlichen entdecken, in Verwirrung bringen, zum Denken zwingen, das Suchen lehren, immer wieder fragen und der Antwort nicht ausweichen, getragen von dem Grundwissen, dass Wahrheit das ist, was Menschen verbindet." (Piper, 2007)

Ab 425 vor unserer Zeitrechnung ist belegt, dass Sokrates als Lehrer, im Gegensatz zu den Sophisten jedoch ohne Bezahlung, tätig war. Er unterrichtete vorwiegend die Jugend Athens, hat jedoch nicht einen Satz, geschweige denn eine Schrift oder ein Werk hinterlassen. Er lehnte es ab, sich schriftlich zu äußern, da er wohl der Meinung war, nichts sei vollkommen genug, um es schriftlich festzuhalten und dass Philosophieren nur im Dialog möglich sei.

Xenophon charakterisierte ihn nach seinem Tode in folgender Weise: „*... so fromm, dass er nichts ohne den Willen der Götter tat, so gerecht, dass er niemals jemandem schadete, sondern allen seinen Anhängern so viel nützte, so voll Selbstzucht, dass er niemals das Angenehme dem Guten vorzog, so einsichtig, dass er bei der Beurteilung des Guten und Schlechten niemals Fehler machte und nie eine andere Hilfe brauchte, sondern in der Erkenntnis dieser Dinge selbstständig war. Er war auch fähig, alle diese Gedanken in einer Rede auszuführen und durch Begriffe zu erläutern, fähig aber auch, andere hierin zu prüfen, ihnen ihre Fehler nachzuweisen und sie zur Tugend und zum untadeligen Leben anzuleiten. So erschien er als der beste und glücklichste Mensch.*" (Erinnerungen an Sokrates, Reclam, 2002). Platon nannte ihn den trefflichsten, vernünftigsten und gerechtesten Menschen.

Es ist, 2.400 Jahre später, nicht ganz einfach, sich in einen Menschen hineinzudenken, der selbst keine Zeile hinterlassen hat. Und dennoch schält sich aus den wenigen Aufzeichnungen, die noch erhalten sind, das Bild eines Menschen heraus, eines Typs, der seinesgleichen sucht. Sokrates war, so schreibt Platon, ein besonderer Mensch, der sowohl enge Freunde und Schüler hatte, die ihn verehrten, aber auch Gegner, die ihn hassten. Er übte auf seine Mitbürger eine große Anziehungskraft aus.

Um einen Eindruck zu erhalten und sich ein besseres Bild von Sokrates machen zu können, seien hier Überlieferungen aus Diogenes Laertius Buch 2 „Über Sokrates" wiedergegeben, in dem er den Typ Sokrates auf subtilste Weise geschildert hat:

- Oftmals sei er, wenn es bei den Disputationen zu heftig wurde, mit Fäusten traktiert oder an den Haaren gezerrt, meist jedoch verlacht und verhöhnt worden, habe aber alles geduldig ertragen. Daher habe er, als jemand sich über seine gelassene Reaktion auf einen Fußtritt wunderte, gesagt: *„Hätte ich einen Esel, wenn er mich getreten, vor Gericht gezogen?"*
- Er führte sehr genaue Untersuchungen mit seinen Gesprächspartnern durch, wobei er sie weniger zur Aufgabe ihrer Überzeugungen, als vielmehr zur Suche nach Wahrheit bewegen wollte.
- Er machte Körperübungen und war in guter körperlicher Verfassung.
- Am Feldzug nach Amphipolis nahm er teil und rettete in der Schlacht bei Dilion den vom Pferd gestürzten Xenophon.
- In der allgemeinen Flucht der Athener zog er sich ruhig zurück und blieb umsichtig in Verteidigungsbereitschaft, falls ihn jemand angreifen würde.
- Auch nach Poteidaia, im Norden Griechenlands, ist er in den Kampf gezogen, und zwar zu Wasser, da die Landverbindung durch den Krieg unterbrochen war. Da soll er die ganze Nacht in derselben Stellung verharrend nachgedacht und die ihm zugedachte Tapferkeitsauszeichnung Alkibiades überlassen haben, in den er laut Aristipp verliebt war.
- Er besaß eine feste demokratische Gesinnung, wie sein Widerstand gegen die Leute des Kritias zeigt, die ihm befahlen, ihnen den reichen Leon aus Salamis zur Hinrichtung auszuliefern.
- Er wollte die Möglichkeit, aus dem Gefängnis zu fliehen, nicht wahrnehmen. Die um ihn jammerten, schalt er aus.
- Er war unabhängig und charakterstark, nahm keine Geldgeschenke an und verkehrte auch nicht an den Höfen.

- Er lebte so vernünftig, dass er als Einziger nicht erkrankte, wenn eine der vielen Seuchen in Athen ausbrach.
- Er war souverän genug, die ihn verspotteten, zu ignorieren.
- Auch hielt er große Stücke auf seine schlichte Lebensweise und nahm niemals Bezahlung an, wie es die Sophisten taten.
- Er behauptete auch, das einzig Gute sei Wissen, das einzig Schlechte Unwissenheit; Reichtum und Adel schüfen nichts Edles, wohl aber alles mögliche Üble.
- Im Alter dann lernte er noch Leier spielen und meinte, dass es niemals absurd sei, noch zu lernen, was man nicht wisse.
- Gefragt, was die Tugend der Jugend sei, meinte er: *„Nichts im Übermaß.“*
- Da seine Frau klagte, er müsse zu Unrecht in den Tod gehen, meinte er: *„Möchtest du lieber, ich ginge zu Recht?“*
- So waren seine Worte und sein Wirken, was auch die delphische Pythia bestätigte, die dem Chairephon das bekannte Orakel gab: *„Von allen Menschen ist Sokrates der weiseste.“*

Eindrucksvoll hat Alkibiades, wie Platon in seinen Dialogen überliefert hat, das Wirken seines Lehrers Sokrates geschildert: *„Denn höre jemand nur die Reden des Sokrates an, so werden sie ihm zuerst sehr lächerlich vorkommen; in solche Ausdrücke und Bezeichnungen hüllen sie sich äußerlich ein, wie in das Fell eines neckischen Satyrs. Denn von Lasteseln spricht er und von Schmieden und Schustern und Gerbern, und über denselben Gegenstand scheint er immer dasselbe zu wiederholen, sodass jeder Unkundige und Gedankenlose darüber lachen muss. Wenn man sie aber erschlossen sieht und in ihr Inneres hineindringt, dann wird man zunächst finden, dass sie allein unter allen Reden einen wahrhaften Inhalt haben, bald aber auch, dass sie die göttlichsten von allen sind und die mannigfaltigsten Gestalten der Tugend gleich Götterbildern umfassen, und dass sie sich über das reichhaltigste Gebiet ausdehnen, ja alles in sich schließen, was dem zu bedenken ziemt, welcher ein geistig und sittlich durchgebildeter Mann werden will.“* (Platon, Sämtliche Werke, Wissenschaftliche Buchgesellschaft, 2004)

Und noch einmal Alkibiades, den Platon als jungen Mann im „Symposion" in ergreifender Weise über seine Gefühle zu Sokrates sagen lässt: „(...) *wenn wir aber dich oder den Vortrag deiner Reden durch einen anderen hören, mag dann der Vortrag auch noch so schlecht sein, und mögen Mann, Weib und Knabe die Zuhörer sein, so fühlen wir uns hingerissen und gefesselt. Ich wenigstens, ihr Männer, wenn ich nicht fürchtete, ganz betrunken zu erscheinen, könnte es euch beschwören, was ich bei des Sokrates Reden empfunden habe und noch jetzt empfinde. Denn wenn ich ihn höre, dann pocht mir das Herz weit stärker, als wenn ich vom Korybantentaumel ergriffen wäre, und Tränen entströmen meinen Augen bei seinen Reden. Ich sehe aber, dass auch sehr vielen anderen dasselbe widerfährt. (...) sodass mir das Leben unerträglich erschien, wenn ich so bliebe, wie ich bin.*" (Platon, Sämtliche Werke, Wissenschaftliche Buchgesellschaft, 2004)

2.1.1 Bedeutung des Sokrates für die Grundlegung der abendländischen Philosophie – Vom Mythos zum Logos

Sokrates hat nach Ciceros Worten „*die Philosophie vom Himmel geholt*". Damit meinte er, Sokrates habe die Philosophie nutzbar für das Alltägliche gemacht. Während sich die ersten Philosophen, die so genannten Vorsokratiker, als Naturphilosophen vor allem mit Fragen der Himmelskunde und dem Entstehen der Erde beschäftigt haben und damit gewissermaßen die Vorläufer der modernen Naturwissenschaft sind, hat sich Sokrates in der Nachfolge der frühen Sophistik dem einzelnen Menschen und seinen Sorgen und Nöten zugewandt.

Sokrates hat mit Gesprächspartnern und Schülern den Versuch unternommen, vom Meinen, Glauben und Vermuten zum Wissen und damit zur Wahrheit zu gelangen. Und das in einer Zeit, in der die Menschen im Wesentlichen von den Erzählungen Homers und den Helden in dessen Werken „Ilias" und „Odyssee" sowie von den Mythen der griechischen Götterwelt beeinflusst waren.

Der griechische Götterhimmel

Es gab bei den Griechen verschiedene Göttergeschlechter, die Götter der Stadt, unterschiedliche Hausgötter und eine Reihe von Halbgöttern, Titanen etc.

Dem Mythos zufolge waren die ersten Götter aus dem Chaos erwachsen. Die Erdgöttin Gaia, deren Heiligtum als erstes Orakel in Delphi stand und heute noch in Form eines Felsens vor den Überresten des dortigen Apollontempels betrachtet werden kann, hatte den Himmel, das Meer und die Berge erzeugt; es gab eine Unterwelt, den Hades, als das Reich der Toten und über allem thronte Zeus auf dem Olymp. Dies alles glaubten die Griechen und versuchten darüber hinaus die Welt – und hier insbesondere die Natur – besser zu verstehen.

Die Grundlage der Erkenntnis ist nach Sokrates die Vernunft, sie gibt einen Bezugsrahmen und eine Systematik für Wissen und ist die Fähigkeit des menschlichen Geistes, universelle Zusammenhänge und ihre Bedeutung in der Welt zu erkennen und danach zu handeln. Die Vernunft ist das oberste Erkenntnisvermögen, das den Verstand kontrolliert. In Platons „Kriton" äußert Sokrates als Maxime seiner Lebensweise: *„Nicht nur jetzt, sondern immer schon bin ich so beschaffen, dass ich keiner anderen Regung folge als der Überzeugung, die sich mir beim Überlegen als die Beste herausstellt."*

Ohne Vernunft kein Logos! Der Logos bezieht sich auf alle durch Sprache dargestellten Äußerungen der Vernunft. Die Wissenschaft der Logik leitet sich vom Logos ab. Für die Stoiker, eine im Anschluss an Sokrates von Zenon gegründete Philosophenschule, war der Logos das Vernunftprinzip des Weltalls, das über den Göttern schwebte.

So gewendet hat Sokrates nicht nur die Philosophie vom Himmel geholt, sondern in seinen Gesprächen die im Mythos verhafteten Lebensweisen, Sitten und Wertevorstellungen mittels Logik und Vernunft überprüft, um zu neuen Erkenntnissen und Einsichten und somit zu neuem Wissen auch über das sittlich Gute zu gelangen.

Wissen als Endresultat ist jedoch bedeutungslos, wenn dahinter nicht die Wahrheit aufscheint. Eine Ansammlung von Fakten ist bedeutungslos, entscheidend ist ihm die ethische Grundhaltung.

Das Gute und die „Arete"

Das griechische Wort „Arete" steht, wörtlich übersetzt, für Tüchtigkeit und Tauglichkeit. Sokrates hat es im ethischen Sinne als den Begriff für Tugend oder dafür, was ein „gutes Leben" wirklich ausmacht, verwendet. Es steht für die höchste Qualität im Sinne von Vortrefflichkeit, Vollkommenheit und Bekömmlichkeit, die in der Schönheit der Seele liegt: Als Einheit des Schönen, Wahren und Guten. Eigenschaften der Arete sind an erster Stelle die Gerechtigkeit, dann folgen Tapferkeit, Weisheit und Besonnenheit.

2.1.2 Sokrates auf dem Markt von Athen

Die heute noch unterhalb der Akropolis zu besichtigenden Überreste der Agora, dem Marktplatz des antiken Athen, auf dem sich die wichtigsten Gebäude der Polis befanden, neben dem Rathaus (wie wir heute sagen würden) das Gerichtsgebäude, das Gefängnis, die Werkstätten und Tempel, die Säulenhalle, auch Stoa genannt, Turnschulen und Geschäfte, lassen erahnen, welche Bedeutung dieses Zentrum für die damalige Zeit gehabt haben mag. Gewöhnlich fanden sich hier die Männer bereits am Vormittag ein, um ihren Geschäften nachzugehen, sich zu offiziellen Anlässen zu versammeln, um Freunde und Bekannte zu sehen und mit ihnen die aktuellen politischen Fragen zu diskutieren.

Dort war auch Sokrates Wirkungsstätte, hier hatte er seinen Platz. Er war fast täglich auf der Agora, um mit seinen Mitbürgern, die allen Altersgruppen, Berufen und gesellschaftlichen Schichten angehörten, Gespräche zu führen. Nach Xenophon ging er schon am frühen Morgen in die Säulenhallen und Turnschulen und wenn der Markt sich füllte, war er dort anzutreffen. Wer immer nur wollte, konnte ihm und seinen Gesprächspartnern zuhören.

Xenophon im Originalton über Sokrates: *„Er selbst unterhielt sich immer über die menschlichen Dinge, indem er untersuchte, was fromm, unfromm, schön, hässlich, gerecht, ungerecht, was Besonnenheit, Raserei, Tapferkeit, Feigheit, Staat, was ein Staatsmann, was Herrschaft über Menschen und ein Herrscher über Menschen sei …"* (Erinnerungen an Sokrates, Reclam, 2002)

Inhalte und Verläufe dieser Gespräche können wir, literarisch gestaltet, in den von seinem Schüler Platon verfassten Frühdialogen nachvollziehen:

Die platonischen Frühdialoge

- Protagoras: Dialog zwischen Sokrates und Protagoras, dem bedeutendsten Sophisten, über die Frage, was Tugend bzw. Vortrefflichkeit ist und ob diese lehrbar sind
- Hippias minor: Dialog zwischen dem Sophisten Hippias und Sokrates über die Tugendhaftigkeit, die Lüge und das Unrechttun
- Laches (Athenischer Feldherr im Peloponnesischen Krieg): Dialog über die Definition von Mut und ob er jemandem beigebracht werden könne
- Lysis: Dialog über Freundschaft und Eros
- Charmides (Verwandter Platons, Freund und Schüler des Sokrates): Dialog über die Besonnenheit
- Euthyphron: Dialog über Heiligkeit und Frömmigkeit

- Trasymachos: Dialog darüber, ob das Recht beim Stärkeren liegt, oder anders formuliert, ob der Gerechte der Dumme ist
- Apologie: Verteidigungsrede des Sokrates im Prozess gegen ihn wegen vermeintlicher Gotteslästerung und Verführung der Athener Jugend
- Kriton: Sokrates Dialog nach seiner Verurteilung mit seinem Schüler Kriton, der ihn aus dem Gefängnis befreien will; Inhalt ist die Hochhaltung und Achtung der Gesetze

In diesen platonischen Frühdialogen versucht Sokrates, die Meinungen seiner Gesprächspartner zu überprüfen und da, wo er es für erforderlich hält, zu widerlegen. In diesem Zusammenhang nannte er zu bloßen Worthülsen verkommene Begriffe, die völlig unreflektiert gebraucht wurden, übrigens „Windeier", also Eier ohne Schale. Durch die „Was ist X?-Frage" (Was ist Tugend, was ist Mut, was ist Besonnenheit …) versucht er solche Windeier zu entlarven und das grundlegende Wissen auf dem entsprechenden Gebiet zu ermitteln. Er führt deshalb Gespräche mit Menschen, die behaupten, sich in bestimmten Dingen auszukennen, und stellt ihr vermeintliches Expertentum infrage, indem er ihnen nachweist, dass sie keine Experten für etwas sind, da ihre Überzeugungen voller Widersprüchlichkeiten stecken. Diese Methode nannten die Griechen „Elenchus", zu Deutsch Gegenbeweis. Die „Was ist X?-Frage" ist der Kern der sokratischen Gespräche – damals und heute.

Sokrates steht in diesen Dialogen im Mittelpunkt, er ist die wichtigste Figur. Platon lässt Sokrates als Ironiker erscheinen, der mit seinem „Nichtwissen" vorgibt, von dem, über das gesprochen wird, nichts zu verstehen. Die Ironie ist darin begründet, dass Sokrates leugnete, irgendein Wissen oder eine Weisheit zu besitzen und da, wo er ein Wissen zugab, dies unter den Vorbehalt erneuter Prüfung stellte. Dieses Wissen vom Nichtwissen sei das einzige Wissen, dass er wirklich habe. Es ist davon auszugehen, dass Sokrates den Besitz von Weisheit deshalb von sich wies, da er den vollständigen Besitz eines Wissens, und dies gilt insbesondere für moralische Fragen, für den Menschen als nicht erreichbar erachtete. Der Philosoph ist Liebhaber und nicht Besitzer von Weisheit.

Der ihm zugeschriebene Satz „*Ich weiß, dass ich nicht weiß*" hat, da er zunächst paradox klingt, zu vielen Missinterpretationen geführt. Sokrates hat an keiner Stelle gesagt, er wisse überhaupt nichts. Er wollte vielmehr zum Ausdruck bringen, dass er die Haltung eines Nicht-Wissenden einnehme. Er wollte sagen, dass wir Menschen Nicht-Wissende sind und kein gesichertes Wissen haben können, wenn es um Begriffe oder um ethisch-moralische Fragen geht. Wir haben zwar Meinungen, Vorstellungen und Ideen von etwas, aber letztlich kein wirkliches und vor allem kein sicheres Wissen.

Wenn Sokrates gefragt wurde, was seine Meinung zu einer bestimmten Frage sei, antwortete er stets, die Antwort nicht zu kennen. Diese für seine Gesprächspartner unbefriedigende Auskunft ließ ihn als Ironiker erscheinen, da seine Gesprächspartner meinten, er habe durchaus eine Lösung, wolle sie jedoch nicht äußern.

Aber war Sokrates wirklich Ironiker oder nicht doch mehr ein Suchender und deshalb nach seinem eigenen Bekenntnis ein Nicht-Wissender? So erklärt er im Verlaufe seines Gerichtsprozesses: „*Im Weggehen überlegte ich bei mir selber, dass ich wissender sei als jener Mensch. Denn keiner von uns beiden scheint etwas Gutes und Rechtes zu wissen; jener aber meint zu wissen und weiß doch nicht; ich jedoch, der ich nicht weiß, glaube auch nicht zu wissen, ich scheine somit um ein Geringes wissender zu sein als er, weil ich nicht meine zu wissen, was ich nicht weiß.*"

Als einer der Ersten hat Sokrates erkannt, dass es für uns Menschen keine absoluten Wahrheiten gibt und deshalb die Offenheit aller Aussagen hervorgehoben. Eine zentrale Anschauung, die auch heute noch von wesentlicher Bedeutung ist. So hat Max Born (1882 – 1970), deutscher Physiker und Mathematiker, der 1954 für seine Forschungen in der Quantenmechanik den Nobelpreis erhielt, seine sokratische Einsicht so formuliert: „*Ich glaube, dass Ideen wie abso-*

lute Richtigkeit, absolute Genauigkeit, endgültige Wahrheit usw. Hirnge-
spinste sind, die in keiner Weise zugelassen werden sollten. (…) Diese
Lockerung des Denkens scheint mir der größte Segen, den die heutige Wis-
senschaft uns gebracht hat. Ist doch der Glaube an eine einzige Wahrheit
und deren Besitzer zu sein die tiefste Wurzel allen Übels in der Welt."

**Es lohnt sich, auch vermeintlich unumstößliche
Überzeugungen zu hinterfragen**

Häufig kann man in Gesprächen oder Meetings jemanden sagen
hören: *„Ich bin absolut davon überzeugt, dass …"*

Der Sprecher ist also zutiefst von etwas überzeugt, aber hat er auch
ein Wissen von dem, dessen er sich so felsenfest sicher zu sein
glaubt? Er ist, um ein Beispiel anzuführen, zutiefst davon überzeugt, dass Mitarbeiter, wenn sie nur richtig motiviert werden, zu
Höchstleistungen in der Lage sind.

Hat er sich aber auch mit der Frage auseinandergesetzt, ob man
Mitarbeiter überhaupt motivieren oder sie möglicherweise nur
demotivieren kann, um eine These von Reinhard K. Sprenger auf-
zugreifen? Was ist denn eigentlich Motivation und wie entsteht sie?
Wie motivierend ist denn ein anerkennendes Wort und wie demoti-
vierend die ungerechte Kritik des Chefs?

Wir sollten nicht versäumen, nach Begründungen für Überzeugungen und insbesondere für tiefe Überzeugungen zu fragen.

2.2 Erkenntnis und Wissen sind auf Begriffe angewiesen

Begriffe sind durch Definitionen gekennzeichnet, die sie von anderen Begriffen abgrenzen und ihre Eigenschaften beschreiben. Sie
sind die Grundlage des Wissens, denn der Begriff ist die gedank-

liche Vorstellung von einer Sache, eines Gegenstandes in Gedanken.

Beispiel: Der Begriff „Tisch" lässt vor unserem geistigen Auge einen Gegenstand, ein Objekt, bestehend aus einer ebenen Fläche, die durch Stützen vom Untergrund emporgehoben wird, entstehen. Wir haben eine Idee von einem Tisch, weil wir Tische bereits gesehen haben.

Gemäß dem Historischen Wörterbuch der Philosophie *„bestand eine kaum überschätzbare Leistung des sokratischen Denkens auch darin, die Frage nach dem, was später Begriff genannt wurde, d.h. nach den gemeinsamen Merkmalen (Eigenschaften) von Dingen, Ereignissen und Handlungen, explizit und methodisch zum ersten Mal gestellt zu haben"*.

Die wichtigsten Felder, in denen sich Sokrates mit seinen Gesprächspartnern bewegte, waren:

- Wahrheit durch Erkenntnis
- das Gute als Handlungsmaxime
- Selbsterkenntnis als Voraussetzung für ein gelingendes Leben
- Gerechtigkeit und Tugend mit ihren sozialen und politischen Aspekten

Nehmen wir uns das erste und auch schwierigste Feld vor, mit dem sich Philosophen vor und nach Sokrates beschäftigt haben und auch heute noch beschäftigen: die Erkenntnislehre oder griech. Epistemologie als eine Wissenschaft vom Wissen und von der Erkenntnis des Wissens.

Die Wissenschaft vom Wissen und von der Erkenntnis des Wissens

Hier einige bedeutende Theorien der Erkenntnislehre und ihre wichtigsten Vertreter, die in manchen Fällen auch mehreren Richtungen zugeordnet werden können:

	These	Vertreter
Empirismus	Alle Erkenntnis stammt aus sinnlicher Erfahrung, insbesondere über die Sinnesorgane vermittelt.	Locke, Hume, Bacon, Hobbes, Russell
Idealismus	Dinge als Vorstellungen, Materie als Erscheinungsform des Geistes.	Platon, Descartes, Leibniz, Schelling, Hegel, Fichte, Schopenhauer
Kritizismus	Verfahren, die Möglichkeiten, den Ursprung, die Gültigkeit und die Grenzen des menschlichen Erkennens festzustellen.	Kant (Anschauungen ohne Begriffe sind blind, Begriffe ohne Anschauungen leer)
Materialismus	In der Materie liegt der Grund und die Substanz aller Wirklichkeit, nicht nur in der stofflichen, sondern auch in der seelischen und geistigen Materie.	La Mettrie, Holbach, Marx, Engels, Feuerbach
Phänomenalismus	Gegenstände der Erfahrungen sind Erscheinungen bzw. Bewusstseinsphänomene bzw. subjektive Empfindungen.	objektiver Ph.: Schopenhauer, v. Hartmann extremer Ph.: Mach, Vaihinger
Positivismus	Geht vom Gegebenen, Tatsächlichen, Sicheren, Zweifellosen und somit Positiven aus und hält metaphysische Überlegungen für praktisch nutzlos.	Comte, Mill, Spencer

Pragma-tismus	Kommt im Handeln des Menschen zum Ausdruck. Wahr ist das, was sich durch seine praktischen Konsequenzen bewährt.	Pierce, James, Dewey, Quine, Putnam, Rorty	
Rationa-lismus	Denkweise der Aufklärung. Der Mensch ist qua Vernunft in der Lage, die Welt zu erkennen. Gegensatz zu Empirismus und Irrationalismus.	Descartes, Leibniz, Spinoza, Voltaire, Kant, Hegel	
Kritischer Rationalismus	Keine absolute Gewissheit, alles muss rational und kritisch überprüft werden. Um wissenschaftliche Aussagen von anderen, z.B. metaphysischen, abzugrenzen. Methode der Falsifikation.	Popper, Albert	
Irrationalismus	Lehre oder Weltanschauung, nach der die menschliche Vernunft keine hinreichende Erkenntnis der Welt erwerben kann.	Hamann, Schelling, auch bei Kirkegaard, Schopenhauer, Nietzsche	
Konstruktivis-mus	Die Konstitutionsleistung des Subjekts wird betont, erkannte Gegenstände werden konstruiert. Forderung einer „vernünftigen" Wissenschaftssprache.	Kamlah, Lorenzen, Thiel, Mittelstraß	
Radikaler Konstruktivismus	Eine objektive Realität kann nicht erkannt werden, da jeder Einzelne seine Wirklichkeit selbst konstruiert. Objektivität nicht möglich, jede Wahrnehmung ist subjektiv.	von Foerster, von Glasersfeld, Watzlawick, Maturana, Varela, Luhmann	

Realismus	Behauptet das Vorhandensein einer außerhalb des Bewusstseins liegenden Wirklichkeit. Er steht im Gegensatz zum Idealismus. Die Philosophie der Gegenwart ist vorwiegend realistisch.	Historischer Materialismus: Marx, Engels; Phänomenologie: Husserl; Existenzphiloso-phie: Heidegger, Sartre
Relativismus (keiner Richtung zuzurechnen)	Relativisten vertreten die Auffas-sung, dass es keine absoluten Wahrheiten und Werte gibt: Jede Erkenntnis ist relativ; die Wahr-heit hängt vom Beobachter, der historischen Epoche, seiner Kul-tur ab. Der extreme Relativismus tendiert dazu, die Gültigkeit aller Normen und Werte zu negieren.	Protagoras prägte mit seinem Motto „Der Mensch ist das Maß aller Dinge" den Wahlspruch des Relativismus. Descartes' univer-saler Zweifel; Lichtenberg, Kuhn; Feyerabend
Sensualismus	Alle Erkenntnis beruht auf inne-ren und äußeren, und deshalb letztlich auf psychologischen Reizen. Gegenteil: Rationalismus, nahe verwandt: Positivismus.	Locke: „Im Ver-stand ist nichts, was nicht vorher in den Sinnen war."; Hume
Skepsis	Zweifel als Prinzip des Denkens; auch grundlegende Wahrheiten müssen bewiesen werden.	Pyrrhon von Elis, Sextus Empiri-cus, Montaigne, Hume, Kant, Lichtenberg, Witt-genstein, Nelson, Marquard

30

Die griechischen Philosophen und auch die philosophischen Schulen, die vor oder zu Lebzeiten des Sokrates existierten, werden heute als vorsokratisch bezeichnet. Die Vorsokratiker beschäftigten sich vorwiegend mit Naturphilosophie, der Frage nach dem Urgrund und dem Anfang der Welt bzw. der Kosmologie als Wissenschaft von der Entstehung und Entwicklung unseres eigenen Sonnensystems. Heute würden wir sagen mit der Frage: Urknall ja oder nein? Und nicht zuletzt mit der Theogonie, nämlich der Frage nach Gott oder den Göttern.

Die Vorsokratiker

Hier einige der heute noch bekannten Philosophen sowie die Schwerpunkte ihres Wirkens in Kurzform:

- Thales von Milet: Naturphilosoph, Staatsmann und Mathematiker. Aristoteles nannte ihn den Begründer der Philosophie und Wissenschaft.
- Solon von Athen: Gesetzgeber.
- Anaximander: Astronom und Astrophysiker, Entstehung der Welt
- Anaximenes: Schüler des Anaximander; sieht die Luft als Urstoff; vermutet bereits, dass der Mond nicht selbst leuchtet, sondern von der Sonne angestrahlt wird.
- Pythagoras: Mathematiker und Gründer einer bedeutenden philosophischen und religiösen Schule: die Prinzipien der Welt sind durch Zahlen bestimmt, die Welt kann naturwissenschaftlich durch Formeln beschrieben werden.
- Heraklit: Das Grundprinzip der Welt ist ein Werden, eine ständige, ununterbrochene Bewegung, ein Wandel; von ihm stammt der berühmte Satz: „In die gleichen Ströme steigen wir und steigen wir nicht; wir sind es und wir sind es nicht."
- Parmenides: Das Wahre, Seiende wird nur durch das Denken enthüllt; Sinneswahrnehmungen erzeugen nur „Meinungen".

- Atomisten: Anhänger der naturphilosophischen Lehre, dass alle Dinge aus selbstständigen Elementen, den Atomen, bestehen. Wichtige Vertreter des Atomismus waren Demokrit und Diogenes.
- Sophisten: Wanderlehrer, eigentlich erste Lehrer im professionellen Sinne, die gegen Bezahlung Rhetorik und Dialektik, Grammatik, Erkenntnistheorie, Mathematik, Geometrie und Naturwissenschaften unterrichteten. Sokrates wurde in der Antike ebenfalls als Lehrer den Sophisten zugerechnet, obwohl er von seinen Schülern kein Geld verlangte und in den von Platon verfassten Dialogen als Gegenspieler der Sophisten auftritt. Die bekanntesten Sophisten und somit auch Gesprächspartner von Sokrates waren Protagoras als einer der Begründer, Gorgias, Prodikos, Kritias, Thrasymachos, Antiphon und Hippias.

2.2.1 Schüler und Schulen

Sokrates bedeutendster Schüler war Platon (428 bis 348 v. Chr.). Der englische Philosoph und Mathematiker Alfred North Whitehead befand in seinem Buch „Prozess und Realität", die europäische Philosophie sei eine Serie von „Fußnoten zu Platon". Sir Karl R. Popper, einer der bekanntesten Philosophen des 20. Jahrhunderts, hielt Platon, obwohl er ihn wegen bestimmter totalitärer Tendenzen kritisierte, für einen der wirkungsreichsten Philosophen.

Platon schloss sich Sokrates im Alter von 20 Jahren an und war in den letzten Lebensjahren des Sokrates eng an seiner Seite, er muss ihn in seinem Wirken gekannt haben wie niemand anderer. Whiteheads These sollte deshalb ergänzt werden, denn Platons Philosophie baut auf Sokrates auf und führt dessen Philosophie fort, indem er die Gespräche, die Sokrates auf dem Markt von Athen und in den Häusern seiner Freunde und Schüler führte, in den platonischen Werken dokumentierte. So gesehen beruht die europäische Philosophie im Wesentlichen auf dem, was von diesen beiden herausragenden Gestalten der Antike erhalten geblieben ist; wobei Aristoteles, der wiederum ein Schüler Platons war, als weiterer bedeutender Denker hinzugerechnet werden muss.

Platon war nicht nur Philosoph und Schriftsteller, er war Dialektiker, Kosmologe, Metaphysiker, Theologe, politischer Denker, aber kein Politiker und Pädagoge. Seine Schriften bilden einen Höhepunkt der abendländischen Literatur- und Denkgeschichte. Insbesondere in den so genannten Frühdialogen, in denen Sokrates als Gesprächspartner im Mittelpunkt steht, geht es um ethisch-moralische Fragen, um „die Sorge um die Seele", um die Tugenden, heute meist mit dem Begriff „Werte" bezeichnet.

Anhänger oder besser gesagt Schüler des Sokrates, die zu seiner Zeit oder auch später gelebt haben, gründeten eigene philosophische Schulen, die über Jahrhunderte gewirkt haben, sich alle auf Sokrates als ihren Ursprung bezogen und noch heute bekannt sind. Allerdings waren die Ansichten und Lehrinhalte sehr unterschiedlich, wie die nachfolgende Infobox zeigen soll:

	Begründer	Lehre
Platonische Akademie	Platon (428 bis 348 v. Chr.), Philosophenschule in Athen (385 v. Chr. bis 529 n. Chr.)	Platon entwickelte die Ideenlehre: Die sinnlich wahrnehmbare Welt ist einer unsichtbaren Welt nachgeordnet. Ein tätiges Leben soll nach den Ideen der Sittlichkeit, d.h. der Tugend, verwirklicht werden.
Aristotelische Schule (Lykeion)	Aristoteles, (384 bis 322 v. Chr.), Schüler Platons, einige Jahre Erzieher Alex. des Großen	Peripatetiker (nach dem Peripatos, der Wandelhalle des Lykeion-Gymnasiums). Grundlage der Naturwissenschaften: Wissenschaftstheorie, Logik, Biologie, Physik, Ethik, Staatslehre. Die aristotelische Ethik bestimmt die Tugenden durch das Maß der Mitte.

		So liegt etwa die Tugend der Besonnenheit in der Mitte zwischen den Lastern der Zügel- und der Gefühllosigkeit.
Epikureismus	Epikur (341 bis 270 v. Chr.)	Parallel zur Stoa entstanden. Wege zum individuellen Glück durch Maximierung von Lust. Lust suchen, Unlust vermeiden ist die Devise. Glück entsteht aus der vernunftgeleiteten Einsicht in das Weltganze. Der Vorwurf, dass die Epikureer unbeschränkten Sinnengenuss predigten, beruht auf einem Missverständnis: Es ging nicht um Hedonismus, sondern um die Vermeidung von Leid.
Kyniker	Antisthenes, bekanntester Vertreter war Diogenes (ca. 391/399 bis 323 v. Chr.)	Kernpunkt ist die Bedürfnislosigkeit. Grundgedanke ist, wie bei den Stoikern, ein naturgemäßes Leben, um als höchstes Ziel ein größtmögliches Maß an innerer und äußerer Unabhängigkeit sowie Selbstgenügsamkeit zu erreichen.
Skeptiker	Pyrrhon (ca. 365 bis 270 v. Chr.)	Es gibt kein wirkliches Wissen, das ständige Überprüfen des als sicher Geltenden wird zum Prinzip des Denkens erhoben. Kant stimmte den Skeptikern insofern zu, als er ausschließt, dass eine Erkenntnis der Wirklichkeit, wie sie an sich ist, möglich sei.
Stoiker	Zenon von Kition, Epiktet, Marc Aurel	Kosmopolitisches Bildungsbewusstsein, durch emotionale Selbstbeherrschung sein Los akzeptieren und durch Seelenruhe und Gelassenheit zur Weisheit streben. Voraussetzung dafür ist die Kontrolle der Affekte, die Freiheit von Leidenschaften (Apathie), die Selbstgenügsamkeit (Autarkie) und die Unerschütterlichkeit (Ataraxie).

2.2.2 Mäeutik, Hebammenkunst:
Du weißt es, du weißt nur nicht, dass du es weißt

Sokrates ging es um die Erkenntnis des eigenen Nichtwissens, darin sah er die wahrhaft menschliche Weisheit und dazu wollte er die Menschen auffordern. Diese Aufforderung zur Selbsterkenntnis stand auch über dem Eingang des Orakels von Delphi: „gnothi seauton" (erkenne dich selbst), und wird dem Apollon und seiner Priesterin Pythia zugeschrieben. Sie war die Priesterin des dortigen Apollontempels, zu dem die Menschen der antiken Welt pilgerten, um ihre Weissagungen entgegenzunehmen.

Was soll die Aufforderung bewirken? Eine Erklärung liegt darin, dass der Pilger, der einen langen beschwerlichen Weg hinter sich hatte, vom Eingang des Heiligtums zunächst bergan steigen musste, um den Tempel der Priesterin zu erreichen. Dieser Weg war gesäumt von prachtvollen Schatzhäusern, in denen Opfergaben hinterlegt wurden und die Steintafeln mit klugen Zitaten enthielten, deren Weisheit auf den Pilger einwirkten. Es wird berichtet, dass allein das Gehen auf dem Weg zum Tempel und das Nachdenken über das eigene Anliegen in vielen Fällen schon bewirkt haben sollen, dass die ursprünglichen Fragen an die Priesterin bereits selbst beantwortet werden konnten. Durch die Aufforderung des „gnothi seauton" am Eingang in den heiligen Bereich und den stufenweisen Weg zum Tempel hatte der Pilger bereits begonnen, Selbsterkenntnis zu erlangen.

Um diese Selbsterkenntnis ging es auch Sokrates. Seine Methode, sie zu erlangen, ist der Dialog. Durch kritisches Befragen soll das Wissen, über das die Seele immer schon verfügt, geweckt und hervorgeholt werden. Das in jedem schlummernde Wissen soll gewissermaßen „entbunden", Nichtbewusstes bewusst gemacht werden. Daher heißt die sokratische Gesprächsführung auch „Mäeutik" (Hebammenkunst).

Mit dialektischen Mitteln, häufig auch mit Ironie, zeigt Sokrates seinen Gesprächspartnern auf, dass sie von dem, was sie so überzeugt sagen, in Wirklichkeit nur wenig bis gar nichts verstehen und am allerwenigsten sich selbst begreifen.

Hier nochmals Karl Jaspers aus seinem bereits erwähnten Hauptwerk „Die großen Philosophen": „*Sokrates gibt nicht, sondern lässt den anderen hervorbringen. Wenn er dem scheinbar Wissenden sein Nichtwissen zum Bewusstsein bringt und dadurch echtes Wissen ihn selber finden lässt, so gewinnt der Mensch aus einer wundersamen Tiefe, was er eigentlich schon wusste, aber ohne es schon wissend zu wissen. Damit wird gesagt: Erkenntnis muss jeder aus sich selbst finden, sie ist nicht wie eine Ware zu übertragen, sondern nur zu erwecken. Tritt sie auf, so ist es ein Wiedererinnern des gleichsam vorzeitlich schon Gewussten. Dies macht begreiflich, dass ich philosophierend suchen kann, ohne zu wissen.*"

Der Dialog ist eine Methode, um zum Wissen zu gelangen. Das Erkennen der Wahrheit (wenn es diese denn gibt) vollzieht sich nicht im Besinnen auf sich selbst, sondern im Gespräch mit anderen. Die Begriffe „Dialog" und „Dialektik" leiten sich aus dem griechischen Wort „dialegesthai" – „ein Gespräch führen" ab, das sich aus der Präposition „dia" – „durch" und der Wurzel „leg" wie in „logos" – „Vernunft" oder „legein" – „sprechen" zusammensetzt. Im Dialog gewonnene Erkenntnis ist also niemals statisch, sondern gewissermaßen immer eine Bewegung durch die Vernunft hindurch.

Sokrates ist bis heute als einer der bedeutendsten Philosophen des antiken Griechenland bekannt geblieben. Seine Philosophie war getragen von dem Vertrauen, dass sich dem sorgfältigen Denken Momente tieferer Wahrheit und Wirklichkeit zeigen werden; seine Überzeugung war die unbedingte Verpflichtung zum rechten Tun und zur Einhaltung der Gesetze. Deshalb wird Sokrates heute noch als Vorbild für das Philosophieren gesehen.

3 PHILOSOPHISCHE LEBENSFÜHRUNG – ERKENNE DICH SELBST UND WERDE DER DU BIST!

Michael Niehaus

3.1 Selbstführung und Selbstmanagement – Grundlagen eines gelingenden Lebens

Bevor sich für einen Manager Fragen der Mitarbeiter- und Unternehmensführung stellen, steht das Thema der Selbstführung. Denn wie kann man andere führen, wenn man nicht weiß, wer oder was einen selbst leitet, wenn man nicht weiß, wer man ist und welche Ziele man im eigenen Leben verfolgt?

Um als Manager erfolgreich handeln zu können, muss man, wenn man Sokrates folgen möchte, diese grundsätzlichen Fragen ausreichend reflektiert haben. Es gilt, den eigenen Standpunkt zu klären und sich Rechenschaft über seine persönlichen Werte und Ziele abgelegt zu haben.

Glückliches Leben als Ziel

„Was wir wollen, darin sind sich die Menschen einig", schreibt Aristoteles, einer der wichtigsten Denker der Antike: *„Alle Menschen streben nach Glück."*

Doch was dieses glückliche und gelingende Leben im Einzelnen ist, dazu bestehen seit jeher unterschiedliche Ansichten. Nach Sokrates ist es das höchste Ziel des Menschen, ein erfülltes und gutes Leben zu führen. Daher ist es Ausdruck der Vernunft, sich über das Gelingen des Lebens Gedanken zu machen. Was ein erfüllendes, gelingendes oder gutes Leben ist, ist eine der zentralen Fragen der sokratischen Philosophie. Dabei geht es nicht um die theoretische Erkenntnis um ihrer selbst willen, sondern um die Praxis des guten Lebens. Sokrates verkörpert gewissermaßen als Mythos die philosophische Suche nach dem guten Leben. Er ist gleichsam der Prototyp und das Vorbild aller Bemühungen um eine gute und gelingende Lebenspraxis – mit allen Konsequenzen.

Sokrates war sich klar darüber, dass er nie endgültige Erkenntnisse erlangen würde und dass ein solches Wissen keinem Menschen zugänglich sei. Dennoch bestand nach seiner Überzeugung für jeden die erste Aufgabe darin, so gut wie möglich zu werden und zu leben.

Seine die Wahrheit suchende Methode der Gesprächsführung sehen manche als Beginn der (Selbst-)Erziehung und der professionellen Beratung. Sokrates ging davon aus, dass das Streben zum Guten dem Menschen angeboren sei, und er wollte mit seinen Gesprächen gewissermaßen als Hebamme für die im Inneren des Menschen vorhandenen richtigen Antworten dienen. Dabei zeigte sich, dass das richtig verstandene persönliche Glück der Menschen nicht den Interessen der Gemeinschaft entgegenstand, denn Lebensglück – dies stand für Sokrates fest – war nur über ein sittlich gutes Leben möglich.

Das von Sokrates untersuchte Thema des guten und erfolgreichen Lebens ist heute mindestens so aktuell wie früher. Wesentliche Voraussetzung für ein gelingendes Leben ist dabei die Frage nach den eigenen Zielen. Für Aristoteles war es beispielsweise ein Zeichen von Dummheit, sein Leben nicht auf ein Ziel hin zu ordnen und auszurichten. Er betont den wegweisenden Charakter des Ziels (griech. Telos) und ist der Überzeugung, dass jedes Lebewesen ein ihm innewohnendes spezifisches Ziel hat.

Gemäß des „gnothi seauton" sollte Selbsterkenntnis als tägliche Übung der Anfang sein, dieses Ziel zu entwickeln, die Basis für jedes sinnvolle Denken über Gott und die Welt im Großen sowie über die kleinen Dinge des Alltags. Mit Sokrates auf dem Marktplatz von Athen wurde deutlich, dass Philosophieren letztlich nichts anderes als diese Selbsterkenntnis ist. Dieses Führen und Begleiten zur Selbsterkenntnis ist damit die Kernkompetenz der Philosophie.

Selbsterkenntnis wird bei Sokrates so zu einem Persönlichkeit bildenden und Persönlichkeit schaffenden Element. Diesem Innenleben, diesem Selbst, wird stets die größte Aufmerksamkeit gewidmet. Selbsterkenntnis, Einsicht in das eigene Wollen und Handeln, hat oberste Priorität für Sokrates. Denn nur, wenn die eigene Individualität in ihren Vorlieben und Talenten, aber auch in ihren Defiziten transparent wird, besteht die Möglichkeit, das Leben gezielt zu gestalten. Nur wenn man bewusst will und aktiv verfolgt, was unbewusst in einem angelegt ist, so Sokrates, wird man auch die richtigen Entscheidungen treffen. Daraus folgert er, dass ein ungeprüftes Leben nicht lebenswert ist.

Freiheit wird damit zum Wissen um die stärksten Handlungsmotive, ihr Sprungbrett ist die Selbsterkenntnis. Der Mensch ist nur frei, wenn er zuerst einmal sich selbst erforscht hat. Weiß er, was er wirklich will und was er auch zu leisten im Stande ist, so kann er, wenn er weiterkommen möchte, bei vollem Bewusstsein verwirklichen, was seinem Charakter und seinen Talenten entspricht.

3.2 Philosophie als Lebenshilfe?

Diese Überlegungen zum glücklichen und gelingenden Leben mögen auf den ersten Eindruck ein wenig fremd erscheinen. Fragen nach individuellem Glück und Erfolg werden in unserer Zeit doch zunächst nicht mit Fragen der Philosophie in Verbindung gebracht, sondern man denkt zunächst an die Psychologie oder Psychotherapie. Die gesamte so genannte „Lebenshilfeliteratur" wird ja auch von Autoren mit einem psychotherapeutischen Background dominiert. Die eigentliche Frage dabei ist: Kann die Philosophie eine Hilfe für das Leben sein? Gibt Philosophie Unterstützung und Anregung in der alltäglichen Lebensführung? Ist die philosophische Beratung eine Alternative zu den etablierten Beratungsangeboten der kirchlichen Seelsorge, der Psychologie oder esoterischen Heilsversprechungen?

Zunächst ist festzuhalten, dass es einen immer größer werdenden gesellschaftlichen Bedarf an Orientierung in Lebensfragen gibt. Die Nachfrage von Beratung in Lebensfragen hat ihre wesentliche Ursache im Verlust einer Tradition, die bis ins Detail des Alltags hinein vorgab, wie richtig zu leben sei. Praktisches Lebenswissen wird in der Postmoderne nicht mehr von Person zu Person, von Generation zu Generation weitergereicht, sondern jeder Einzelne ist in Fragen der Lebensbewältigung ganz auf sich allein gestellt, der breite Fundus eines gesellschaftlich überlieferten, gemeinsamen Lebenwissens steht nicht mehr zur Verfügung. Diese Situation wird noch verschärft durch die zunehmende Komplexität und Unübersichtlichkeit moderner Gesellschaften und die immer neuen Herausforderungen in Wirtschaft, Wissenschaft und Technik.

Es gibt keine gesellschaftliche Institution mehr, die für die Beantwortung der Frage nach dem gelingenden Leben, nach der richtigen Lebensführung zuständig ist. Das Fehlen eines Leuchtturms, eines zentralen Orientierungspunktes ist wesentliches Merkmal unseres Gesellschaftssystems. Weder die Politik noch die Wirtschaft, Wissenschaft oder ein anderes gesellschaftliches Subsystem können dies leisten. Für einzelne Lebensbereiche haben sich hochprofessionelle Beratungs- und Dienstleistungsangebote etabliert, die den Weg von der Wiege bis zur Bahre erleichtern. So gibt es ein Gesundheitssystem mit einem vielfältigen Angebot, ein Bildungs- und Erziehungssystem, Beratungen im Rechts- und Finanzsystem durch Anwälte und Steuerberater, um nur einige Beispiele zu nennen. Auch für das eher private Umfeld gibt es den „personal fitness coach", die Stil- oder die Ernährungsberatung.

Doch wie werden diese Einzelfragen zusammengebunden, wo wird die Frage nach dem Leben als Ganzem adressiert? Wo findet der zeitgenössische Mensch einen Raum, um sich über die Basis seines Lebens Gedanken zu machen, quasi die Fundamente für darauf aufbauende Einzelaspekte des Lebens zu legen?

Die Kirchen haben dieses Monopol auf Sinndeutung und praktische Lebenshilfe schon lange verloren und auch die „Psychowelle" mit dem Ideal der Selbsterfahrung und Selbstverwirklichung hat mehr Fragen aufgeworfen als Antworten gegeben. Heute schweift der suchende Blick schnell gen Osten, wo das Heil in den Klischees von scheinbarer Ursprünglichkeit und „Dalai Lama Superstar" gesucht wird.

Doch die existenziellen Fragen bleiben: Wer bin ich? Wo komme ich her, wo gehe ich hin? Haben mein Tun, mein Denken und Handeln ein Ziel? Warum gibt es Leid, Krankheit und Tod? Was ist Glück, was der Sinn des Lebens und was bedeutet überhaupt „Leben", „Glück" oder „Sinn"?

Um Antworten zu finden, suchen Menschen verstärkt nach einer Möglichkeit und einem Rahmen, in dem die Erörterung dieser Fragen möglich ist. Ein solcher Ort des Innehaltens und Nachdenkens ist die Philosophie. Dieser Wunsch nach einer (Rück-)Besinnung auf die Philosophie zeigt sich beispielsweise im Erfolg von Büchern wie „Sofies Welt" von Jostein Gaarder oder „Wer bin ich – und wenn ja, wie viele?" von Richard David Precht, und Fernsehsendungen wie das „Philosophische Quartett" im ZDF oder der wöchentlichen Sendung „Das Philosophische Radio" auf WDR 5 zur besten Sendezeit. Das große Interesse der Leser und Zuhörer geht über das bloße Bildungsinteresse hinaus, sich mit der Tradition des abendländischen Denkens vertraut zu machen, es ist vielmehr Ausdruck eines Bedürfnisses nach Reflexion und Besinnung, verbunden mit der Hoffnung bzw. der Erfahrung, dass die Philosophie eine hilfreiche Begleiterin auf der Suche nach Orientierung ist.

Die wesentliche Leistung der Philosophie als Lebenshilfe ist dabei die Klärung. Klärung bringt Klarheit, klärt auf und lichtet den Nebel des Nichtwissens. In diesem Sinne behandelt Philosophie auch nicht, sie trägt vielmehr zu einer Klärung von Lebensfragen bei. Oder, wie Kant es formuliert hat: *„Aufklärung ist der Ausgang des Menschen aus seiner selbstverschuldeten Unmündigkeit. Unmündigkeit ist das Unvermögen, sich seines Verstandes ohne Leitung eines anderen zu bedienen. Selbstverschuldet ist diese Unmündigkeit, wenn die Ursache der-*

selben nicht am Mangel des Verstandes, sondern der Entschließung und des Mutes liegt, sich seiner ohne Leitung eines anderen zu bedienen. Sapere aude! Habe Mut, dich deines eigenen Verstandes zu bedienen! ist also der Wahlspruch der Aufklärung. "

Philosophie versteht sich als ein Angebot zum Gespräch, sei es der innere Monolog als Gespräch mit sich selbst, das Gespräch mit bereits verstorbenen Denkern über die Auseinandersetzung mit ihrem Werk oder aber der Dialog von Mensch zu Mensch.

Vom Nutzen der Philosophie

Philosophie stellt den geistigen Raum zur Verfügung, in dem

- die Klärung eigener Werte und Vorstellungen möglich ist,
- an Begriffen und genauen Definitionen des Gemeinten gearbeitet werden kann,
- ein Blick hinter die Kulissen des alltäglichen Geschehens geworfen werden kann,
- andere und womöglich neue Perspektiven Altvertrautes in einem ganz anderen Licht erscheinen lassen,
- durch radikales Staunen und Irritation ausgetretene Pfade verlassen werden können,
- alternative Handlungsoptionen und Lebensentwürfe sichtbar werden,
- die Urteilsfähigkeit, Mündigkeit und Autonomie wachsen können.

Philosophieren ist, wenn man so will, eine Form des Empowerment – das Anstiften zur (Wieder-)Aneignung der Selbstbestimmung über das eigene Leben.

Die Stärke der Philosophie liegt in ihrer Schwäche

Im Sinne der Lebenshilfe geht es im Philosophieren nicht darum, absolute Erkenntnis oder gar Erleuchtung zu erreichen, sondern diejenige theoretische und praktische Orientierung zu gewinnen, die ein gelingendes Leben ermöglicht.

So widersinnig es klingen mag: Die Stärke der Philosophie liegt dabei gerade in ihrer Schwäche! Philosophie weiß, dass es keine abschließenden und allgemein gültigen Antworten auf die großen und schweren Fragen geben wird. Unzählige Versuche dazu sind in 2.400 Jahren Philosophiegeschichte nicht zu diesem Ziel gekommen, Philosophie ist immer auf dem Weg. Doch gerade diese vermeintliche Schwäche des Nichterreichens von Fortschritt und endgültigen Antworten macht die Philosophie so attraktiv: *„Sie offeriert den Raum zur Erörterung all der Fragen, die andernorts keinen Platz finden; sie vermittelt die Erfahrung, dass es Fragen gibt, die kaum jemals definitiv zu beantworten sind; sie regt die Einsicht an, dass die Lebenskunst wohl zu einem guten Teil darin besteht, sich mit diesem Stand der Dinge zu bescheiden"*, so Wilhelm Schmid.

Philosophische Lebenskunst ist immer auch die Einsicht in die Begrenztheit des Menschen. Philosophie als Lebenshilfe lehrt in diesem Sinne auch das gekonnte Scheitern, die Auseinandersetzung mit Niederlagen, mit der Erfahrung, dass das Leben ganz anders ist als gedacht. Odo Marquard hat dieses Spezifikum der Philosophie mit dem schönen Begriff der „Inkompetenzkompensationskompetenz" gekennzeichnet.

Das Thema Philosophie als Lebenshilfe hat im Rahmen dieses Buchs im Wesentlichen zwei Seiten:

- **Philosophie bzw. das Philosophieren als spezifische Lebensform.** Hier stehen die Techniken der Selbstsorge, der Lebenskunst und Lebenskönnerschaft im Mittelpunkt. Philosophieren in diesem Sinne ist das mit sich (oder auch anderen) zu Rate gehen, die bewusste Auseinandersetzung mit dem eigenen Leben.
- **Philosophieren als Form der professionellen Beratung.** Aus der oben beschriebenen philosophischen Lebensform hat sich seit Mitte der 1980er-Jahre ein professionelles Beratungsange-

bot entwickelt, aus dem heraus Philosophen Dienstleistungen im Bereich der Lebensberatung (und auch der Unternehmens- und Organisationsberatung) anbieten. Dies geschieht unter dem Label der „Philosophischen Praxis", der „Philosophischen Beratung" oder des „Philosophischen Coachings".

Beide Formen der Lebenshilfe werden im Folgenden detaillierter beschrieben. Sie bauen aufeinander auf, die philosophische Beratung als Dienstleistung ist quasi die Weiterentwicklung bzw. die Professionalisierung der Philosophie als Lebensform.

3.3 Philosophie als Lebensform – Die Selbstsorge

Die Selbstsorge, (lat. „cura sui"; engl. „care of oneself") ist die Grundlage philosophischer Lebensführung. Die Sorge um sich und für sich selbst, neudeutsch auch gerne als Selbstmanagement bezeichnet, umfasst alle Aspekte des bewussten Umgangs mit sich selbst: Angefangen von der Gesundheit, der körperlichen und geistigen Fitness, dem Umgang mit der Zeit, der Bedeutung von Arbeit, der Vereinbarkeit von Beruf und Familie bis hin zu den großen Fragen nach dem Sinn und der Bedeutung des Ganzen. Mit anderen Worten, es geht um den persönlichen Lebensentwurf und die dazugehörigen Lebenspraktiken.

Selbstsorge hat ihre Wurzeln in der sokratischen Philosophie. Während die Sorge um sich selbst in der Antike aktiv kultiviert wurde und ein breites Spektrum an Techniken zur Lebenshilfe zur Verfügung stand, ist diese Tradition über die Jahrhunderte (innerhalb der Philosophie) verloren gegangen. Die Aufarbeitung dieses philosophischen Konzeptes der Selbstsorge ist im deutschsprachigen Raum wesentlich geprägt durch Wilhelm Schmid, dessen Werk auch wesentliche Anregung für dieses Kapitel ist.

Der ethische und zugleich politische Charakter der Selbstsorge, der Sorge um sich selbst, steht bei Sokrates dabei im Vordergrund. Von Anfang an ist die Selbstsorge nicht, wie es der Begriff nahelegen könnte, nur eine egoistische Sorge um sich selbst. Die Sorge um sich selbst geschieht in der sokratischen Tradition letztlich im Streben nach Tugend und Vortrefflichkeit, wobei die tugendhafte und gerechte individuelle Seele auch immer das Wohl der Gemeinschaft vor Augen hat. Damit ist die Sorge um sich selbst, die Sorge um die eigene Seele, Grundlage für jedes gesellschaftliche Engagement. Selbstsorge ist nicht nur eine private Angelegenheit, sie hat auch immer einen öffentlichen Aspekt und geschieht im Austausch mit anderen Menschen. Sokrates lebte quasi öffentlich, die Agora war sein Wohnzimmer. Er suchte das Glück nicht im Verborgenen und in der privaten Zurückgezogenheit, sondern übernahm gesellschaftliche Verantwortung bis dahin, dass er bereit war, für seine Überzeugung zu sterben.

Diese Selbstsorge ist auch noch heute Grundlage jedes unternehmerischen Handelns: Ohne ein Wissen und eine Sorge um sich selbst kann man weder erfolgreich wirtschaften noch andere Menschen führen. Oder anders ausgedrückt: Wer nicht in der Lage ist, für sich selbst Verantwortung zu übernehmen, kann dies auch nicht für andere tun.

Die Forderung des Sokrates, sich um sich selbst, sich um die Seele zu sorgen, ist ein immer wiederkehrendes Thema der platonischen Dialoge. Diese Sorge für und um das Selbst bedarf der Selbsterkenntnis. Man muss sich selbst verstehen, um das, was die anderen betrifft, verstehen zu können. Diese Selbstsorge, man könnte auch sagen Selbsterziehung, muss beizeiten beginnen und sollte integraler Bestandteil jeder elterlichen sowie schulischen Pädagogik sein und sich auch in der beruflichen Weiterbildung und in Management-Seminaren wiederfinden.

Wenn es in der Selbstsorge vornehmlich um die Seele geht, so bedeutet dies keine Leibfeindlichkeit. Die Sorge um den Körper und seine Bedürfnisse sind Teil der sokratischen Selbstsorge. Dazu gehören auch Fragen nach der richtigen Ernährung, sportlichen Übungen und dem Umgang mit den Lüsten. Es war den Zeitgenossen des Sokrates nicht gleichgültig, was man isst und trinkt, ob man Gymnastik betreibt oder Maßnahmen zur Abhärtung ergreift, welche Übungen hierfür sinnvoll sind und welches Maß in alledem angebracht ist. Die Grenzen zwischen medizinischem und philosophischem Diskurs sind dabei fließend.

Diese durch Sokrates angeregte Selbstsorge durchzieht die gesamte griechische und römische Philosophiegeschichte und ist eine wesentliche Säule jeder philosophischen Praxis. Daher wird die Entwicklung des Konzeptes der Selbstsorge über Sokrates hinaus im Folgenden kurz skizziert.

Im Unterschied zu Sokrates entpolitisiert Epikur die Selbstsorge: Es geht ihm allein um das Glück des Individuums. Philosophieren heißt, dasjenige anzustreben, was zur Glückseligkeit führt. Die hohe Bedeutung, die Epikur der Freundschaft beimisst, zeigt aber zugleich, dass die Selbstsorge auch hier nicht zu einer Fixierung auf sich selbst führt.

In der Stoa erreicht der Gedanke der Selbstsorge einen Höhepunkt. Hier wird nun auch deutlich unterschieden zwischen der ängstlichen Besorgnis, die zu vermeiden ist, und der klugen Sorge um sich, um die es den Philosophierenden geht. Der Sorge entgegen steht die Nachlässigkeit sich selbst gegenüber. In diesem Sinne meint Selbstsorge nicht das Suchen des eigenen Vorteils oder Nutzens für sich selbst, sondern fordert auf, sich selbst gegenüber nicht gleichgültig zu sein und aktiv an der Veränderung seiner selbst zu arbeiten. Selbstsorge ist daher vor allem eine Aufmerksamkeit und Achtsamkeit sich selbst gegenüber. Dabei gibt es keinen Lebensbereich, der nicht Gegenstand intensiver und gewissenhafter Sorge ist. Selbstsorge ist dabei aber nicht mit einem sorgenvollen Leben zu verwechseln, gegen das sich die stoische Philosophie ausdrücklich wehrt, sondern als Lebens-Kunst (ars vivendi) zu verstehen.

Ein anschauliches Beispiel stoischer Selbstsorge sind die literarisch durchkomponierten Briefe Senecas, der mit Rat und Ermahnung auf die Besserung des Selbst seiner Gesprächspartner hinwirkt und bis in die intimen Fragen der Lebensführung hinein Orientierung bietet:

„Folge meinem Rat, mein Lucilius, widme dich dir selbst, halte deine Zeit zusammen und hüte sie; du hast sie dir bisher entweder geradezu wegnehmen oder heimlich entwenden oder auch nur entschlüpfen lassen. Glaube mir, es ist so, wie ich schreibe: Ein Teil unserer Zeit wird uns offen geraubt, ein Teil uns heimlich entzogen, und ein dritter verflüchtigt sich. Am schimpflichsten aber ist derjenige Verlust, der auf Rechnung der Nachlässigkeit kommt. Gib nur genau Acht: Der größte Teil des Lebens fließt uns dahin in verwerflicher Tätigkeit, ein großer im Nichtstun, und das ganze Leben in Beschäftigung mit Dingen, die mit dem wahren Leben nichts zu schaffen haben.“ (Briefe über die Moral an Lucilius, I, 1)

Die Selbstsorge ist bei Seneca die Fokussierung auf sich selbst, um sich nicht der Fremdbestimmung durch andere Menschen oder das Geschäft zu überlassen. Die Selbstsorge ist verbunden mit einer strikten Zeitdisposition und einer Reihe weiterer Verhaltensweisen, Regeln und Prozeduren.

Seneca gibt uns konkrete und detaillierte Übungshinweise, von denen sich die meisten auch in aktuellen Management-Ratgebern finden könnten:

Übungen der Selbstsorge

- Selbstbeobachtung – Was tue ich eigentlich den ganzen Tag, wie nutze ich die mir zur Verfügung stehende Zeit? Was tue ich jetzt genau in diesem Augenblick, was nehme ich wahr, was ist der Inhalt meiner Gedanken?
- Kontrolle der eigenen Gedanken – Wohin schweifen meine Gedanken ab, konzentriere ich mich auf das, was ich mir vorgenommen habe, oder bin ich eigentlich ganz woanders?
- Meditation – Konzentrationsübungen zum Fokussieren der Gedanken.

- Morgendlicher Vorsatz und abendliche Prüfung – Habe ich Ziele
  für den Tag? Habe ich das erreicht, was ich mir vorgenommen
  habe? Wenn nicht, warum nicht? Habe ich die Prioritäten falsch
  gelegt, die Situationen falsch eingeschätzt?
- Philosophische Lektüre, Gespräche mit Freunden – Anregungen
  und Ratschläge von vertrauten Menschen, Unterstützung zur
  Reflexion des eigenen Lebens.
- Briefe schreiben, Tagebuch schreiben – Das Niederschreiben der
  eigenen Gedanken, das Formulieren von Worten und Sätzen
  schärft das Denken und die Selbstreflexion.
- Vorbereitung auf den eigenen Tod – Lebe ich mein Leben so,
  dass ich jederzeit Abschied nehmen könnte? Lebe ich mein
  Leben im Bewusstsein meiner Endlichkeit? Konzentriere ich mich
  auf das für mich Wesentliche angesichts der Endlichkeit meines
  Lebens?

Die philosophische Selbstsorge als Sorge um die Seele geht mit dem
Aufkommen des Christentums in eine kirchliche Seelsorge über.
Zwei Veränderungen sind dabei erkennbar: Zum einen verschiebt
sich der Fokus der Selbstsorge immer stärker weg von der Verantwortung des Einzelnen für sich selbst hin zu einer Führung durch
andere. In gewisser Weise ist dies eine Form der Professionalisierung der Selbstsorge: Die Kompetenz und Verantwortung, aber
auch die Deutungsmacht in allen Fragen der Selbstsorge wird auf
Spezialisten der Seelsorge übertragen. Zum anderen wird der Dualismus bzw. die Polarität von Leib und Seele in den Diskurs der
Selbstsorge eingeführt. Die erste Angelegenheit der Seele ist die
Liebe zu Gott und nicht etwa die Sorge um den Leib: Die Sorge um
den Körper ist eine Falle für die Seele, Vernachlässigung des Leibes
führt zur Erleuchtung der Seele. Die Seelsorge muss darauf gerichtet sein, die Seele von allem Schmutz der Sünde zu reinigen. Selbstsorge ist hier die Abkehr vom Fleisch und der Verzicht auf alle ir-

dischen Bindungen. Dazu ist es nötig, auf sich selbst zu achten und jeden Winkel der Seele auszuleuchten. Nicht mehr nur die Handlungen sind wichtig, sondern vor allem auch die Gedanken, die es genauestens zu erfassen gilt. Diese Form der Sorge ist nun darauf gerichtet, Sünden und Begierden ausfindig zu machen. Dieses durch das Christentum modifizierte Konzept der Selbstsorge hat tief auf die Kulturgeschichte des Abendlandes eingewirkt. Bestimmte Techniken der philosophischen Selbstsorge wie die Gewissenserforschung, das seelsorgerische Gespräch, das sich Aussprechen gegenüber einer vertrauten Person, all dies findet Eingang in die Praktiken der christlichen Seelsorge.

Der leibliche Aspekt der Selbstsorge wird dabei nicht komplett eliminiert, sondern umgedeutet: Die Kirche ist der Leib Christi, die Kirchenverantwortlichen müssen diesen Leib pflegen, und zwar ganz im antiken Sinne der Sorge um den Leib, bei der man Ärzte und Turnlehrer als Berater, eine genau geregelte Lebensweise, ausgewogene Ernährung und spezifische Übungen (Exerzitien) nötig hat, um eine gute Konstitution zu erreichen. In diesem Sinne wird Seelsorge die Sorge um die Herde Christi.

Mit der Etablierung des Christentums verschwindet die antike Form der Selbstsorge für lange Zeit aus der abendländischen Kultur. Dem christlichen Vorwurf, der verderblichen Selbstsucht Vorschub zu leisten, hielt die antike Selbstsorge nicht stand. Im Konzept der kirchlichen Seelsorge blieben im Wesentlichen zwei verwandelte Elemente der antiken Selbstsorge durch die Jahrhunderte erhalten:

- Seelsorge als die Sorge um die eigene Seele, aber nicht als Pflege und Entwicklung seiner selbst, sondern um eines zukünftigen jenseitigen Heils willen.
- Seelsorge nicht als die Führung seiner selbst, sondern die Führung aller Seelen durch die Kirchenvorsteher.

Erst in der Neuzeit wird die antike Tradition der Selbstsorge wiederentdeckt. So weist beispielsweise Michel de Montaigne darauf hin, wie wenig seine Zeitgenossen Sorge auf die Kultur der Seele legen und sich stattdessen nur den eigenen Reichtümern und dem Renommee widmeten. Der Selbstsorge steht nicht nur eine große Menge von beruflichen und gesellschaftlichen Verpflichtungen gegenüber, sondern auch die schlimme Angewohnheit, sich gehen zu lassen und sich selbst seiner Sorge nicht für wert zu erachten. So würde sich auch Montaigne gerne vollkommen der Sorge und Regierung eines anderen überlassen, wenn er nur wüsste, wem er sich ganz und vollkommen anvertrauen könnte. Die Natur hat den Lebewesen die Sorge um sich eingepflanzt, den Menschen aber sollte sie durch eine gute Regierung besser abgenommen werden.

Elemente der antiken Tradition der Selbstsorge finden sich auch in Kants Begriff der „Pflichten gegen sich selbst". Wie bei Sokrates ist für ihn mit Selbstsorge ausdrücklich nicht ein egoistisches Nur-sich-um-sich-selbst-Kümmern gemeint: Es sei traurig zu sehen, wie manche nur immer für sich sorgen. Es gehe vielmehr darum, sich nicht zu vernachlässigen, nicht von der Vorsorge anderer abzuhängen, sich nicht in die Hände anderer zu begeben, nur um sich die Mühe der Selbstkonstituierung zu ersparen; vielmehr sich zu kultivieren und zu verbessern und zu lernen, sich selbst zu führen.

Eine Wiederentdeckung erfährt das Konzept der Selbstsorge im 20. Jahrhundert. So wird die Selbstsorge zum zentralen Begriff im Spätwerk des französischen Philosophen Michel Foucault. Er nimmt Bezug auf die antike Tradition und entwickelt die Selbstsorge konzeptionell weiter. Auf der Suche nach Selbsttechnologien, mit deren Hilfe ein Subjekt sich selbst konstituieren kann, statt nur Produkt vielfältiger und anonymer gesellschaftlicher Mächte und unbewusster Praktiken zu sein, erschließt Foucault die Selbstkultur (die Kultivierung des Selbst) und die bewusste Regierung seiner selbst für die postmoderne Gesellschaft. Er aktualisiert den Begriff der Selbstsorge und bringt ihn als Konzept für eine Gesellschaft ins Gespräch, in der die Subjekte schon allzu sehr regiert werden und sich damit an die Abgabe der Sorge an andere gewöhnt haben. Foucault geht es um die Aneignung des Selbst mit dem Ziel, wieder Macht über sich selbst zu gewinnen und dieses Vermögen gegen die Bevormundung durch eine herrschende anonyme Macht zu setzen.

Dabei muss Foucault auch für unsere Zeit feststellen, dass Selbstsorge als etwas Anrüchiges gesehen wird, als bloße Selbstliebe und damit eine Form von Egoismus. Dabei ist Selbstsorge seit Sokrates immer eine Beziehung des Selbst zu sich, die erforderlich ist, um eine Praxis der Freiheit zu realisieren. Daher betont Foucault gerade den gesellschaftlichen Aspekt der Selbstsorge. So wie Sokrates sein Philosophieren als ein öffentliches verstand und mit den Menschen auf der Agora ins Gespräch gekommen ist, so spricht sokratisches Philosophieren die Menschen heute auf den modernen Marktplätzen des Lebens an, in den Chefetagen und Besprechungsräumen von Unternehmen und Organisationen, in der Politik oder in den Medien. In dieser Sorge um sich selbst als einer philosophischen Praxis an und für sich selbst wird der lebenspraktische Aspekt der Philosophie besonders deutlich.

Pierre Hadot, ein zeitgenössischer französischer Philosoph, bringt dies folgendermaßen auf den Punkt: „*Ich habe erkannt, dass die Philosophie nicht nur eine bestimmte Art ist, die Welt zu sehen, sondern eine Art zu leben, und dass alle theoretischen Diskurse nichts sind im Vergleich mit dem konkreten gelebten philosophischen Leben.*"

Aspekte der Selbstsorge

Wenn man die unterschiedlichen Aspekte der antiken, auf Sokrates fußenden Selbstsorge systematisiert, lassen sich folgende Elemente festmachen:

SELBSTREZEPTIVER ASPEKT

Das eigene Selbst wird wahr- und als solches ernst genommen. Die Folge dieser Selbstwahrnehmung ist eine große Aufmerksamkeit gegenüber sich selbst, die auch die kleinen und vermeintlich unscheinbaren Dinge des täglichen Lebens wahrnimmt und insbesondere den Leib und die Sinne in den Mittelpunkt der Sorge stellt. Selbstsorge bedeutet hier, die Wahrnehmung zu trainieren, die Sinne zu schärfen und Sinnlichkeit zu erlernen.

Indem man sich selbst wahrnimmt, erkennt man sich auch. Somit ist Selbstsorge auch immer ein Weg der Selbsterkenntnis.

Übungen zur Selbstrezeption

- Wann und wie haben Sie sich das letzte Mal selbst bewusst wahrgenommen? Haben Sie sich in einer Ich-Aussage bewusst mitgeteilt? (Beispielsweise: *„Ich bin traurig"; „Ich habe Angst"*)
- Überlegen Sie, was Sie gestern Mittag gegessen haben. Können Sie sich noch daran erinnern? Wie hat es Ihnen geschmeckt? Würde es Ihr Wohlsein und Ihre Gesundheit stärken, wenn Sie jeden Tag so essen würden?
- Denken Sie nach, wann Sie zuletzt Ihr Herz richtig gespürt haben. Wie fühlt sich das Pochen in der Brust an? Wann haben Sie das letzte Mal die Grenzen Ihrer körperlichen Leistungsfähigkeit gespürt? Wie fühlen sich Ihre Beine nach einer langen Wanderung an?
- Ein gesunder Geist wohnt in einem gesunden Körper. Welche Übungen halten Ihren Körper, Ihren Geist und Ihre Seele fit? Was hält Sie davon ab, diese Übungen regelmäßiger durchzuführen?
- Wie schulen Sie Ihre Wahrnehmung, Ihre Sinne, Ihre Sinnlichkeit? Lust, gleich welcher Art, lässt sich kultivieren. Was tun Sie hier für sich?

Selbstreflexiver Aspekt

Der Blick in den Spiegel, die Selbstbezüglichkeit ist verbunden mit einer Rechenschaftslegung und Prüfung des eigenen Handelns. Es ist der Schritt des Zurücktretens von sich selbst, eine Selbstdistanzierung, die den Blick auf sich selbst von außen ermöglicht.

Selbstreflexion bedeutet innezuhalten im täglichen Einerlei, Heraustreten aus dem Strom der Ereignisse und Aktivitäten. In der Selbstreflexion schaut man von einer anderen Perspektive auf die Dinge und sein eigenes Leben.

Übungen zur Selbstreflexion

- Wann haben Sie das letzte Mal in den Spiegel geschaut, wann wurde Ihnen ein Spiegel vorgehalten? Was haben Sie gesehen, wen haben Sie gesehen?
- Über was haben Sie sich gewundert, was hat Sie zum Staunen gebracht?
- Wer oder was hilft Ihnen diesen Schritt von sich selbst zurückzutreten und einen Blick auf sich selbst zu werfen?
- Geben Sie sich selbst regelmäßig Rechenschaft über Ihr Denken und Handeln?

SELBSTPRODUKTIVER ASPEKT

Das Selbst ist nicht einfach nur gegeben, sondern es wird hergestellt: Ich bin ein Werk meiner selbst, meiner eigenen individuellen Konstruktionen von Wirklichkeit. Dieser Gedanke der Selbstproduktion der Innen- und Außenwelt wird von der antiken Philosophie bis hin zum radikalen Konstruktivismus und der zeitgenössischen Systemtheorie weiterentwickelt.

Die Einsicht in die Selbstproduktion beinhaltet einerseits eine enorme Freiheit, legt uns andererseits aber eine große Verantwortung auf: Wir selbst sind es, die unser Schicksal in der Hand haben! Wir sind nicht Opfer der Zufälle des Lebens, unserer Gene und der gesellschaftlichen Umstände und Zwänge, sondern es kommt darauf an, unser Selbst positiv zu gestalten. Es sind unsere Einstellungen zu den Dingen, die unser Leben prägen, die wir aber auch selbst ändern können. *„Nicht die Dinge selbst beunruhigen die Men-*

schen, sondern die Vorstellung von den Dingen", so erkennt bereits Epiktet im Handbüchlein der Moral. Selbstsorge bedeutet letztlich eben Selbstveränderung, ja geradezu eine Selbstverwandlung, nicht um ihrer selbst willen, sondern im Sinne einer Verbesserung auf dem Weg zu Vortrefflichkeit und Weisheit.

Übungen zur Selbstproduktion

- Die fundamentale Frage *„Wer bin ich?"* führt uns immer wieder ins Zentrum der Selbstproduktion: Wer oder was ist der Kern meines Selbst, auf welcher Grundlage besteht mein Selbst?
- Wie gehe ich mit den Erfahrungen meines bisherigen Lebens um, wie integriere ich neue Erfahrungen in mein Leben?
- Welche Bedeutung messe ich verschiedenen Ereignissen bei? Wie sähe mein Leben aus, wenn ich diesen Ereignissen eine andere Bedeutung beimessen würde. (Beispielsweise: Erlebe ich mich als „in die Welt geworfen" oder als jemand, der sein Schicksal aktiv gewählt und angenommen hat?)
- Kann ich meinem Leben einen Sinn zuschreiben oder ist das Leben bloß eine Aneinanderkettung von zufälligen Ereignissen?
- Verstehe ich mich selbst als etwas Konstantes und Festes oder als etwas im Wandel Begriffenes und fließend?
- Wie lässt sich das Wechselspiel zwischen eigenem Wachstumsprozess und der Weiterentwicklung der Organisation, in der ich arbeite, aktiv gestalten? Wie verhalten sich die Leitbilder der lernenden Organisation und des Changemanagements zu meiner persönlichen Entwicklung? Werde ich von Veränderungen in meinem beruflichen Umfeld getrieben oder bin ich es, der aktiv notwendige Veränderungen vorantreibt?
- Nichts ist so beständig wie der Wandel. Bin ich noch der, der ich vor zwei, drei Jahren war? Was habe ich geändert, wo wurde ich verändert?

Das verletzbare Selbst ist zu pflegen und zu heilen, die Affekte und Leidenschaften sind im Maß zu halten. Doch nicht nur eine bloße Einstellung oder innere Haltung gilt es regelmäßig zu prüfen, es bedarf auch regelmäßiger praktischer Übungen. Askese, ein Begriff, der uns heute kaum noch geläufig ist, meint traditionell zum einen das Training, die leibliche Ertüchtigung und gymnastische Übung. Zum anderen bezeichnet Askese ebenso die geistige Schulung und Zucht des Menschen, deren Ziel Weisheit und Tugend ist. Bei dieser Schulung, die auf die Beherrschung der Gedanken und Triebe zielt, geht es um eine Konzentration auf das Wesentliche. Die Übenden sollen von der Zerstreuung durch bloße Sinnlichkeit abgehalten werden und sich ganz dem Streben nach Weisheit widmen.

Selbstsorge lebt in der Antike vor allem vom Tun. Die Tradition vermittelt uns eine Vielzahl von Übungen, die sich leicht auf unsere heutige Situation übertragen lassen. Wichtig ist vor allem das Praktizieren, das Handeln! Es reicht nicht aus, sich theoretisch um sich selbst zu sorgen, man muss es täglich praktisch aufs Neue tun!

Übungen zu Therapie und Askese

- Zentrale Übung der Selbstsorge ist das „memento mori", die Erinnerung an den eigenen Tod, die Bewusstwerdung der eigenen Sterblichkeit, das Eingeständnis der Endlichkeit allen Daseins. Im Angesicht des Todes verändern sich oftmals die Perspektiven auf das eigene Handeln: Wie viel Zeit und Energie investieren wir in Aktivitäten und Projekte, die wir sofort beenden würden, wenn wir wüssten, dass unser Tod kurz bevorstünde.

- Wie viel Zeit vergeuden wir mit Dingen, immer von der Hoffnung getragen, noch ausreichend Zeit für die wirklich wichtigen Dinge zu haben? Das „memento mori" hilft uns hier, sowohl im beruflichen als auch im privaten Kontext die richtigen Prioritäten zu setzen. Wie oft wünschen wir uns im Nachhinein, unsere Zeit anders investiert zu haben: Wenn aus den eigenen kleinen Kindern plötzlich junge Erwachsene geworden sind und man sich fragt, wo denn die Zeit geblieben ist; wenn einen das beklemmende Gefühl umtreibt, seine Zeit nicht richtig genutzt, sein Leben nicht richtig gelebt und sich stattdessen in Träumen, Plänen und Zukunftsvisionen verzettelt zu haben. Memento mori heißt auch: Das Leben ist hier und jetzt, nutze es, dieser Moment muss von dir gefüllt und erfüllt werden, er kommt nie wieder, es gibt keine zweite Chance. Carpe diem!

- Wann habe ich das letzte Mal an den eigenen Tod gedacht? Was habe ich konkret geändert angesichts meiner letzten Einsicht in die Endlichkeit allen Tuns?
- Ändern Sie Ihre Zeitperspektive: Das Leben ist nicht das, was möglicherweise noch vor mir liegt, sondern das, was ich gelebt und erlebt habe. Was verändert sich für mich durch diesen Richtungswechsel?

Weitere klassische Übungsformen sind Gespräche, der offene Austausch, der Rat von Freunden. Ein weit verbreitetes Managementinstrument ist das Erfahrungslernen: Durch „gute Praxisbeispiele" von den besten Unternehmen lernen. Foren hierfür sind Unternehmerstammtische, Seminare und Konferenzen oder Unternehmenswettbewerbe. Diese Art des offenen Austausches und des Lernens von anderen lässt sich auch auf eine eher persönliche Ebene übertragen. Hierfür gilt es, sich ein Netzwerk aufzubauen, das ggf. an der einen oder anderen Stelle durch professionelle Berater und Dienstleister unterstützt werden kann.

Wer in Ihrem Freundes-, Bekannten- oder Kollegenkreis könnte bzw. sollte in Zukunft eine stärkere Rolle als Gesprächspartner für Sie haben? Wie können Sie eine Situation schaffen, die eine offene und konkurrenzfreie Gesprächsatmosphäre ermöglicht? Auch das Tagebuch, das Schreiben von Briefen oder die Lektüre von Büchern sind klassische Übungen der Selbstsorge und fördern die Selbstreflexion. Wie bei allen anderen asketischen Übungen gilt auch hier: Nicht der einmalige Versuch zählt, sondern die regelmäßige Übung macht den Meister. Es gibt keine Patentrezepte, jeder muss seinen individuellen Weg finden.

„Die Meisten werden, wenn sie am Ende zurückblicken, finden, daß sie ihr ganzes Leben hindurch ad interim gelebt haben, und verwundert seyn, zu sehn, daß Das, was sie so ungeachtet und ungenossen vorübergehen ließen, eben ihr Leben war, eben Das war, in dessen Erwartung sie lebten. Und so ist denn der Lebenslauf des Menschen, in der Regel, dieser, daß er, von der Hoffnung genarrt, dem Tode in die Arme tanzt.“ (Arthur Schopenhauer)

PROSPEKTIVER UND PRÄVENTIVER ASPEKT

Die Sorge richtet sich auf Künftiges. Sie besteht darin, das, was kommen kann, vorweg zu bedenken, insbesondere Schicksal und Tod.

Durch Selbstsorge gilt es vorbereitet zu sein auf das, was absehbar ist. Vieles, was gemeinhin als Schicksalsschlag gilt, ist im Grunde vorhersehbar: Jeder Mensch altert und erleidet Krankheiten; jeder Mensch verliert geliebte Menschen und wir selbst gehen eines Tages; jeder Mensch ist als Teil der Gesellschaft den wirtschaftlichen und politischen Zwängen und Zufälligkeiten ausgeliefert. Gleichwohl sind Prävention, vorausschauender Schutz und Risikominimierung möglich. Sie bestehen darin, Vorsorge für sich zu treffen.

Übungen zur Prospektion und Prävention

- Was erwarte ich von der Zukunft? Was erwarte ich konkret vom nächsten Tag?
- Wie stelle ich mich auf mögliche Veränderungen ein?
- Was sind mögliche Schicksalsschläge und wie bin ich darauf vorbereitet?

- Setze ich in meiner Zukunftsplanung alles auf eine Karte oder habe ich mehrere Standbeine?
- Was tue ich für meine körperliche und geistige Leistungsfähigkeit?
- Wenn ich weiter so mit mir umgehe, kann ich mir vorstellen, meinen Job noch bis zur Rente mit 67 Jahren durchzuhalten?

GESELLSCHAFTLICHER ASPEKT

Die Übung der Selbstsorge ist auch als Vorbereitung zur Sorge für andere zu begreifen; die Fähigkeit zur Regierung seiner selbst als Grundvoraussetzung dafür, andere zu führen und anzuleiten zur Sorge um sich. Selbstsorge hat nach Sokrates immer eine gesellschaftliche politische Dimension. Er verstand sich selbst als Erzieher der Jugend und hat die ihm übertragenen politischen Ämter ohne falschen Ehrgeiz verantwortungsvoll ausgefüllt. Während andere antike Lehrer, wie beispielsweise Diogenes, das Glück in der privaten Zurückgezogenheit gesucht und die gesellschaftliche Verantwortung gescheut haben, ist Sokrates Vorbild eines verantwortlichen Unternehmertums, das das Unternehmen als integralen Bestandteil der Zivilgesellschaft begreift.

Insofern dürfen die Techniken der Selbstsorge gerade im Kontext von Mitarbeiterführung nicht unterschätzt werden. Jeder, der heute als Manager Verantwortung für ein Unternehmen oder eine Organisation übernimmt, hat auch immer Verantwortung für die ihm anvertrauten Mitarbeiter. Während die fachliche Kompetenz über Studium und Weiterbildung systematisch wächst, ist Mitarbeiterführung für viele noch immer ein Buch mit sieben Siegeln.

Wie bei den anderen Aspekten der Selbstsorge gilt auch bei der Sorge für andere die Binsenweisheit, dass es Übungen und Hilfestellungen gibt, die es regelmäßig, zum Teil unter Anleitung eines Lehrers, zu praktizieren gilt. Führung, insbesondere Mitarbeiterführung, ist zu großen Teilen lern- und lehrbar. Aus sokratischer

Perspektive ist es dabei unerlässlich, sich Rechenschaft über sein eigenes Handeln und seine Motive geben zu können.

Übungen zur gesellschaftlichen Verantwortung

- Kenne ich die aktuellen Sorgen und Nöte meiner Mitarbeiter ausreichend, um ihr Handeln beurteilen zu können?
- Wie fördere ich meine Mitarbeiter? Achte ich neben fachlicher Weiterqualifikation auch auf persönliches Wachstum?
- Wann habe ich einem Mitarbeiter zuletzt ein ehrliches Feedback gegeben?
- Wer fragt, der führt. Welche Fragetechniken des sokratischen Philosophierens lassen sich auf Mitarbeitergespräche übertragen?
- Wie arbeite ich an meiner eigenen Führungsqualität? Wie bekomme ich Unterstützung und Rückmeldung?
- Warum habe ich mich entschlossen, Verantwortung für Mitarbeiter zu übernehmen? War dies der einzig mögliche Karriereweg oder gibt es andere Motive?
- Wäre es gut, wenn meine Mitarbeiter alle so ticken würden wie ich? Was kann ich von meinen Mitarbeitern lernen und wie?

LITERATURHINWEISE ZUM THEMA SELBSTSORGE, LEBENSKUNST UND LEBENSKÖNNERSCHAFT

- Achenbach, Gerd B.: Das kleine Buch der inneren Ruhe. Wien: Herder 2000
- ders.: Lebenskönnerschaft. Wien: Herder 2001
- ders.: Vom Richtigen im Falschen: Wege philosophischer Lebenskönnerschaft. Wien: Herder 2003
- Foucault, Michel: Die Sorge um sich. Sexualität und Wahrheit 3. Frankfurt am Main: Suhrkamp 1989
- Hadot, Pierre: Philosophie als Lebensform. Antike und moderne Exerzitien der Weisheit. Frankfurt am Main: Fischer 2002

- Schmid, Wilhelm: Philosophie der Lebenskunst. Eine Grundlegung. Frankfurt am Main: Suhrkamp 1998
- ders.: Mit sich selbst befreundet sein. Von der Lebenskunst im Umgang mit sich selbst. Frankfurt am Main: Suhrkamp 2004
- ders.: Kann die Philosophie eine Hilfe für das Leben sein? In: Information Philosophie 3/2004
- Werder, Lutz von: Beklage Dich nicht – philosophiere. Ein Übungsbuch in praktischer Philosophie, für Einzelne und Gruppen. Milow: Schibri-Verl. 1996

3.4 Philosophische Praxis als Lebensberatung

Wie oben bereits erwähnt, gibt es seit Mitte der 1980er-Jahre das Angebot der professionellen Lebensberatung durch Philosophen. Ein wichtiger und mehrdeutiger Begriff dabei ist der der „Philosophischen Praxis". Doch was ist Philosophische Praxis?

Philosophische Praxis umfasst das weite Spektrum praktizierter Philosophie, sei es in Form von persönlicher philosophischer Lebensführung (im Sinne der oben beschriebenen Selbstsorge und Lebenskunst) bis hin zur philosophischen Beratung von Individuen und Institutionen sowie der Bildungsarbeit und des öffentlichen gesellschaftlichen Engagements. Insofern ist praktizierte Philosophie, ist Philosophische Praxis als Form der Selbstkultivierung Grundlage und Voraussetzung für jede Form der philosophischen Beratung. Das Beratungsangebot der Philosophischen Praxis zielt daher auf philosophische Praxis, d. h. auf das Praktizieren von Philosophie im Alltag, als einer Form der bewussten Lebens- und Unternehmensführung.

In letzterem Sinne ist eine Philosophische Praxis auch ein Ort und eine Institution, die ähnlich einer Rechtsanwaltskanzlei oder einer Arztpraxis den Raum und den Rahmen für das, was sich in ihr ereignen soll, nämlich das Praktizieren von Philosophie, bereitstellt.

Anfang der Achtzigerjahre eröffnete Dr. Gerd B. Achenbach die erste Philosophische Praxis der Neuzeit. Der von ihm geprägte Begriff wird als professionell betriebene philosophische Lebensberatung in der Praxis eines Philosophen beschrieben.

Philosophische Praxis meint ein konkretes Tätigsein, das Ausüben von etwas, als Gegenstück zur bloßen Theorie. Im Mittelpunkt steht dabei das philosophische Gespräch mit all seinen Schattierungen und Möglichkeiten.

Dieser Gedanke, dass Philosophie auch immer einen Praxisbezug in sich hat, aus dem sich eine spezifische Beratungskompetenz entwickeln lässt, war der akademischen Philosophie in ihrem Elfenbeinturm lange Zeit abhandengekommen. Dabei war die Beratung, vor allem auch die Individualberatung bei Lebensfragen, in der antiken Philosophie immer eine zentrale Aufgabe. So fragt Seneca rhetorisch in seinem Brief an Lucilius: *„Willst Du wissen, was die Philosophie dem Menschengeschlecht verspricht? Beratung!"*

Philosophische Praxis grenzt sich ab von der klassischen Psychotherapie, in der ein Therapeut schon vorher genau zu wissen meint, was für seinen Patienten das Richtige ist und ihm Rat*schläge* erteilt. Stattdessen ist Philosophische Praxis der Versuch, gemeinsam Lebenskunst zu praktizieren, oder, wie Novalis es ausdrückte, ist das gemeinsame Philosophieren ein Prozess des „Dephlegmatisierens" und „Vivificierens".

Lexikoneintrag „Philosophische Praxis"

Den Begriff Philosophische Praxis hat G.B. Achenbach 1981 bei der Gründung seines „Instituts für Philosophische Praxis" geprägt: Unter Philosophischer Praxis versteht er die professionell betriebene philosophische Lebensberatung, die in der Praxis eines Philosophen geschieht. In der Philosophischen Praxis werden wir nicht als Lehrer der Philosophie gefordert, sondern als Philosophen. Die konkrete Gestalt der Philosophie ist der Philosoph: und er, der

Philosoph als Institution in einem Fall, ist die Philosophische
Praxis. Dabei ist die Philosophische Praxis ... ein freies Gespräch.
... Sie ... verordnet keine Philosopheme ..., verabreicht keine
philosophische Einsicht, sondern sie setzt das Denken in Bewegung: philosophiert zusammen mit dem Ratsuchenden – den sie
nicht als „Fall" unter vorgegebene Problem- und Lösungsschemata
subsumiert, sondern auf den als Individuum sie eingeht – und kann
so helfen, indem sie seine Orientierungsblockaden lockert und
aufhebt. Die Philosophische Praxis weiß nicht Bescheid, manchmal
aber weiter.

O. Marquard

(aus: Historisches Wörterbuch der Philosophie, Bd. 7.
Basel: Schwabe Verlag 1989. Sp. 1307f.)

3.4.1 Grundlagen Philosophischer Praxis

Philosophische Praxis basiert auf dem Staunen, der Liebe zu Weisheit und Kommunikation. *„Der Anfang aller Philosophie ist das Staunen"*, so Aristoteles. Wer philosophiert, wundert sich und merkt
plötzlich, dass das Selbstverständliche sich gar nicht so von selbst
versteht, dass das Normale und alltäglich Bekannte gar nicht so nor-
mal ist, wie es uns erscheint. Philosophische Praxis stellt das bisherige Wissen über die Welt infrage, denn wer philosophiert, ist auf
der Suche nach Wahrheit. Philosophie ist die Liebe (griech. „phi-
lia") zur Weisheit (griech. „sophia"). Nach Platon ist es der „Eros",
der den Philosophierenden zur Wahrheit treibt. Dies bedeutet, dass
der Philosophierende die Weisheit nicht besitzt, sondern auf dem
Weg zu ihr ist; er begehrt sie. In diesem Sinne ist Philosophische
Praxis etwas Dynamisches, etwas, das immer wieder neu geschieht,
ein Erweitern des eigenen Horizontes.

Gleichzeitig ist Philosophie auch immer ein kommunikativer
Prozess, bei dem Menschen sich im Gespräch austauschen. *„Die*

Wahrheit beginnt zu zweien", so der Philosoph Karl Jaspers. In der Kommunikation muss sich die eigene Philosophie bewähren, muss den Fragen und Einwänden des anderen standhalten oder sich den besseren Argumenten beugen.

Philosophische Beratung versteht sich als Reflexion und Modifikation des Selbst- und Weltbezugs des Klienten. Damit ist gemeint, dass sich der Philosoph gemeinsam mit seinem Klienten mit dessen persönlicher Lebensphilosophie auseinandersetzt. Dabei geht es um das Wachwerden für die Art der derzeit vertretenen Philosophie und den Bezug dieser persönlichen Lebensphilosophie auf die gegenwärtige Lebenssituation des Klienten sowie das Vertrautwerden mit alternativen Sichtweisen und daraus folgend eine Integration von Alternativen, die sich im Leben des Klienten bewähren.

"Nicht die Dinge selbst beunruhigen die Menschen, sondern die Vorstellung von den Dingen." Schon dem Stoiker Epiktet war die Einsicht geläufig, dass die Menschen nicht an den Dingen oder Umständen des Lebens leiden, sondern vielmehr an den Bedeutungen, die sie den Ereignissen zumessen.

Anders gesprochen: Menschen leiden, weil sie die Dinge so sehen, wie sie sie sehen.

Hier setzt Philosophische Praxis an und versucht durch produktive Irritation das scheinbar Selbstverständliche wieder fraglich werden zu lassen. In diesem Staunen und sich Wundern wird die Ambivalenz der Bedeutungen sichtbar, die wir den Dingen zukommen lassen: So bedeutet jede Krise und Verunsicherung sowohl Gefahr als aber auch Chance! Durch das kritische Befragen des Bisherigen werden neue und andere mögliche Perspektiven und Lösungsstrategien sichtbar und ergreifbar.

Der Verstehensprozess in der Philosophischen Praxis konzentriert sich dabei nicht nur auf das „Was" des Themas, auf den Inhalt, den die Klienten mitbringen, sondern auch auf das „Wie": Wie denken, wie fühlen die Klienten, welches Verständnis von Welt liegt den einzelnen „Problemen" zugrunde.

Die Basis dazu bildet ein unvoreingenommenes Zuhören. Unvoreingenommen in dem Sinne, dass nicht versucht wird, hinter den Zeilen etwas zu deuten, das Gesagte auf etwas anderes hin zu interpretieren, wie es in verschiedenen Psychotherapien oftmals der Fall ist. Der philosophische Praktiker maßt sich nicht an zu wissen, was für seine Klienten das Richtige ist, um sie dann in diese oder jene Richtung zu therapieren (d.h. zu verändern).

Der Versuch, die Klienten mit ihren Besonderheiten und Eigenarten zu verstehen, meint zuerst, den Gast beim Wort zu nehmen, selbst wenn das Gesagte noch so fremd und merkwürdig (des Merkens würdig!) ist, ohne gleich zu diagnostizieren oder zu kommentieren. Grundlage für den philosophischen Praktiker bildet dazu das lebenslange Studium der klassischen Philosophiegeschichte und die dadurch erworbene Fähigkeit, sich in andere Weltbilder hineinzuversetzen.

Philosophische Praxis beginnt mit dem Auf- und Annehmen des Klienten. In meiner Philosophischen Praxis möchte ich die Besucher, ihr konkretes Anliegen und ihre Lebensgeschichte nicht in Schubladen, Raster und Kategorien einordnen, sondern mich ihnen im Zuhören verstehend nähern, sie als Individuen und Einzelne begreifen.

In der Philosophischen Praxis kommen die Klienten durch das Formulieren und Aussprechen ihrer Gedanken und Gefühle zu einem neuem Verständnis ihrer selbst. Sie bringen sich und ihre Gedanken zur Welt.

In diesem Sinne verstand Sokrates, der erste philosophische Praktiker, seine Kunst der Gesprächsführung als Mäeutik, als Hebammenkunst, indem er durch geschicktes Fragen seinen Gesprächspartnern half, ihre Gedanken zu gebären. So werden Gedankengänge und Verhaltensmuster, werden Strukturen sichtbar, wird das eigene Denken und Verhalten verstehbar.

Nietzsche beschreibt diesen Verdichtungsvorgang folgendermaßen: *„Der Eine sucht einen Geburtshelfer für seine Gedanken, der Andre Einen, dem er helfen kann: So entsteht ein gutes Gespräch.“*

Jeder Absicht geht die Sicht ab –
Absichtsloses Handeln in der Philosophischen Praxis

Vorbemerkung: Der folgende Text basiert auf Meditationen beim XXI. Kolloquium der Internationalen Gesellschaft für Philosophische Praxis in Berlin 2006. Es wurde bewusst versucht, den verweisungsoffenen Duktus einer Meditation, bei der der Prozess des Denkens und Erlebens und nicht das fertige Ergebnis im Mittelpunkt steht, beizubehalten.

Die Meditation dient als Anregung zum Nachsinnen über absichtsloses Handeln als gelebte Philosophische Praxis bzw. ist beispielhafter Eindruck der inneren Haltung eines philosophischen Beraters.

Anregung:

Was würde passieren, wenn Sie Ihre Gespräche, seien es die als Vorgesetzter, als Trainer und Berater, oder einfach als Freund oder Ehepartner, einmal in dieser Haltung führen würden? Was wäre anders?

Nichtbenennen

Mitten im Beratungsgespräch. Da ist er wieder, der Reflex zuzupacken, das Anliegen des Klienten zu begreifen, es dingfest zu machen, es zu verstehen. Ich will es aussprechen, es beschreiben und benennen.

Doch nicht so schnell! Warum das festhalten, was im Fluss ist, warum definieren und verengen, was sich im Raum des Gesprächs weiten will? Benennen ist für uns gleichbedeutend mit Verstehen, Wissen, Macht. Nichtwissen dagegen ist immer mit Unsicherheit verbunden und kann gar Ängste auslösen.

Nichtwissen bedeutet, dass ich nichts habe, woran ich mich festhalten kann, keine Struktur, keine Theorie und keinen Plan.

Ich stehe leer und ausgeliefert vor meinem Klienten, vor dieser Situation, vor diesem konkreten Augenblick.

Leer und ausgeliefert – das klingt nicht gerade attraktiv für einen philosophischen Praktiker, der ein jahrelanges Studium und diverse Weiterbildungen hinter sich hat. Hindert nicht all dieses Wissen beim Staunen? Ist nicht vielmehr Zurückhaltung gefragt, um dem Gesprächspartner Raum zu geben?

Tu ab das Erlernte und ohne Sorge wirst du sein.

Laotse

Was wäre, wenn wir unsere Arbeit darauf ausrichten würden, nichtwissend, ahnungs- und absichtslos ins Gespräch zu gehen und nicht sogleich Antworten und Lösungen zu suchen, ja nicht einmal verstehen zu wollen?

Leer in ein Gespräch gehen erfordert Mut. Es bedeutet Zuhören ohne Abwehr, ganz beim anderen zu sein, keine Begriffe und Definitionen zu suchen, nicht schon mit geschickten Formulierungen zu glänzen, sondern einfach zu schweigen. Schweigen, denn alles, was zu tun ist, ist bloßes Dasein, Offenheit und Achtsamkeit für den anderen.

Bereit sein für das sich Ereignende, zugänglich sein, mit dem Klienten in seine Welt einzutauchen, ohne zu versuchen, etwas zu fassen zu bekommen, etwas zu begreifen.

Es kommt darauf an, zu einer tiefer gehenden Art des Zuhörens zu gelangen. Zuzuhören ohne gleich begreifen zu wollen, mit unserem Verstehen einzuschüchtern. Dabei kann unser vorschnelles „Ja, ich verstehe Sie ..." wie ein Übergriff wirken und das ist es dann wohl leider auch oftmals ...

Es verlangt sehr viel Aufmerksamkeit, Sensibilität und Erfahrung, um nicht blind und wohlmeinend in solche Tendenzen zu rutschen.

Darum tut der Weise ohne Taten,
bringt Belehrung ohne Worte,
so gedeihen die Dinge ohne Widerstand,
so lässt er sie wachsen und besitzt sie nicht.

Laotse

Etwas nicht zu wissen gilt gemeinhin als peinlich und schwach. Doch als Philosophen wissen wir spätestens seit Sokrates, dass wir nichts wissen. Und genau deshalb gilt es, dieses Nichtwissen zu pflegen und zu stärken. Nur so können wir die Sorgen und Ängste unserer Klienten annehmen und angstfrei begleiten – ohne unter dem Druck des vorschnellen Antwortens stehen zu müssen.

Das ist allerdings leichter gesagt als getan. Denn ich muss mich fragen:

Wer bin ich, wenn ich mich ohne mein Wissen und meine Antworten auf alle Fragen des Lebens zeige?

Wer bin ich, wenn ich mich nackt und ungeschützt dem anderen gegenüber öffne?

Hier, und genau hier begegne ich mir selbst! Im Ablösen von allen Mustern und Verhaltensweisen begegne ich mir selbst im Gespräch mit dem anderen. Vielleicht begegne ich auch der Sehnsucht meiner selbst und meines Klienten nach etwas, das mehr ist als die alltägliche Banalität, die Suche nach Machbarkeit und Pragmatismus.

Nichtbenennen, Nichtwissen – einfach nur die Tür zum Raum öffnen.

Wer andere kennt, ist klug,
wer sich kennt, ist weise,
wer andere bezwingt, ist kraftvoll,
wer sich selbst bezwingt, ist unbezwingbar.

Laotse

3.4.2 Philosophische Praxis, Therapie, Coaching – Abgrenzungen und Gemeinsamkeiten

PHILOSOPHISCHE PRAXIS IST KEINE THERAPIE

Mit den Gründungsvätern der Tiefenpsychologie (Freud, Adler, Jung: allesamt gelernte Mediziner) entwickelte sich eine heilungsorientierte Psychotherapie. Dies dürfte dazu beigetragen haben, dass dem Aspekt des Heilens Kranker in der Psychotherapie ein höherer Stellenwert beigemessen wurde als der Unterstützung in Fragen der persönlichen Orientierung. Bezeichnend für diese Einstellung ist die Antwort Freuds auf die Frage, wie es seinen Patienten am Ende einer erfolgreichen Therapie erginge: Nach Freud waren sie danach frei von Leid, aber nicht glücklicher!

Den meisten der unterschiedlichen psychotherapeutischen Schulen ist es bis heute gemeinsam, dass der psychisch Kranke im Vordergrund steht: der Mensch als zu behandelnder Patient.

Eine philosophische Lebensberatung hingegen sieht nicht nur die Defizite und Deformationen, sondern den ganzen Menschen mit seiner je individuellen Lebensgeschichte. Dabei werden auch und vor allem die Ressourcen und Potenziale sichtbar.

Sokrates würde beispielsweise auch Fragen behandeln, was bei einem bestimmten Menschen richtig ist und was besonders gut in seinem Leben läuft. Im beratenden Dialog würde es um Fragen gehen, welche Formen des Seins, der Beschäftigung und der Beziehung zu sich selbst und seiner Umwelt der Persönlichkeit des Gesprächspartners am besten entsprechen. Was würde der Ratsuchende wollen, wenn alle seine Probleme gelöst wären? Wie würde er gerne sein, was sind seine Ziele? Im sokratischen Dialog im Rahmen einer Lebensberatung würde es also um die Zielfindung und Orientierung des Klienten gehen.

Sokrates versuchte gemeinsam mit seinen Gesprächspartnern, durch Introspektion der eigenen Seele sowie durch kritisches Hinterfragen Wahrheiten über das gute und gelingende Leben zu finden. Dabei wusste er, dass dieses Wissen nicht im Außen, sondern im Innern der Menschen zu finden ist, und dass er nicht als Verkünder von Weisheiten, sondern als eine Art Facilitator und Ermöglicher zu fungieren hatte, um Menschen Zugang zu ihrem eigenen Wissen zu verhelfen. Auch wusste Sokrates um die möglichen Konflikte zwischen der Freiheit des Einzelnen und seiner Verantwortung gegenüber der Gesellschaft; für ihn war ein gutes Leben nur möglich, wenn man auch den als richtig erkannten Interessen der Gesellschaft Rechnung trug. Diese Einstellung war ihm nicht nur bloße Theorie. Er selbst war bereit, sein Leben für diese Überzeugung zu geben und entschied sich – nach nüchterner Abwägung aller Vor- und Nachteile – in großer Gelassenheit das Todesurteil gegen sich anzunehmen. Auch wenn es pathetisch klingen mag, so ist Sokrates der erste Märtyrer, der für seine Philosophie mit dem Leben bezahlte.

Wie bereits gesagt, richtet sich Philosophische Praxis an „gesunde" Personen. Psychische Erkrankungen, Abhängigkeitserkrankungen oder andere Beeinträchtigungen der Selbststeuerungsfähigkeit gehören ausschließlich in das Aufgabenfeld entsprechend ausgebildeter Psychotherapeuten, Ärzte und medizinischer Einrichtungen. *„Die Lebenshilfe der Philosophie ist keine Form von Therapie"*, so der Philosoph Wilhelm Schmid. *„Wer Lebensfragen hat, ist nicht therapiebedürftig, jedenfalls nicht im engeren, modernen Sinne des Wortes, das einen pathologischen oder dysfunktionalen Hintergrund voraussetzt, allenfalls im weiteren, antiken Sinne der griechischen therapeía, die eine Pflege und Sorge meint, wie dies auch in mancher Psychotherapie wiederentdeckt wird. Erst recht ist die Sorge um eine Heilung der Seele (psyche iatreía) nicht zwangsläufig ein Fall für die Psychiatrie, sondern eine Angelegenheit der Philosophie."*
Dieser andere Blick auf den Menschen drückt sich auch darin aus, dass Klienten in der Philosophischen Praxis als Gesprächspartner bezeichnet werden. Der Begriff des Patienten wird, wie oben beschrieben, durchgängig abgelehnt. Oftmals wird vom „Besucher" oder dem „Gast" der Philosophischen Praxis gesprochen. Dies be-

tont die besondere Form der Annahme und Aufnahme des Gesprächspartners. Auch wird erkennbar, dass der philosophische Praktiker einen besonderen Raum anbietet und öffnet, in den der Gesprächspartner eintreten kann. Andererseits sind die Begriffe Besucher und Gast auch Ausdruck eines nicht marktförmigen Verständnisses von philosophischer Beratung: Philosophie ist kein Konsumgut wie jedes andere, eine Philosophische Praxis ist keine Dienstleistung von der Stange, sondern ein persönliches Ereignis zwischen den Gesprächspartnern. Der philosophische Praktiker agiert hier eher als Freund denn als Auftragnehmer und Geschäftspartner, der gegen Honorar eine Leistung erbringt.

Weitere Begriffe für die Gesprächspartner in der Philosophischen Praxis sind „Klient" und „Kunde". Beide sind Ausdruck einer geschäftsmäßigen Beziehung. Der Klient, abgeleitet von lateinisch „cliens" – „Anhänger", „Schützling", ist der Auftraggeber bestimmter Dienstleistungsträger, für die er sich einem anderen anvertraut. Die Rede vom Klienten unterstreicht das besondere Vertrauensverhältnis der Gespräche in der Philosophischen Praxis, die Fürsorgepflicht des philosophischen Praktikers als auch das Wissen des Klienten, sich in guten Händen zu befinden. Der Kunde, von althochdeutsch „kundo", ist der Kundige, der Eingeweihte und Wissende. Er agiert auf Augenhöhe mit dem philosophischen Praktiker und weiß um sich und das, was er von der Dienstleistung der philosophischen Beratung erwarten kann. Als Kunde kann er auch kündigen …

Philosophische Praxis und Coaching

Während sich die Philosophische Praxis stark vom Behandlungsansatz der klassischen Psychotherapie unterscheidet und sich in der Selbstbeschreibung ihres Angebotes und ihrer Arbeitsweise zum Teil auch polemisch abgrenzt, ist das Verhältnis zu einem neueren Beratungsangebot, dem so genannten Coaching, das sich seit Beginn der 1990er-Jahre zunehmender Beliebtheit erfreut, ein gänzlich anderes.

Hier gibt es eine Vielzahl von Berührungspunkten und Überschneidungen, aber dennoch auch deutliche Unterschiede.

Unter Coaching versteht man die professionelle Beratung, Begleitung und Unterstützung von Fach- und Führungskräften in Unternehmen und Organisationen. Zielsetzung von Coaching ist die Weiterentwicklung von Lern- und Leistungsprozessen bei beruflichen Anliegen. Als ergebnis- und lösungsorientierte Beratungsform dient Coaching der Steigerung und dem Erhalt der Leistungsfähigkeit. Als ein auf individuelle Bedürfnisse abgestimmter Beratungsprozess unterstützt ein Coaching die Verbesserung der beruflichen Situation und das Gestalten von Rollen unter anspruchsvollen Bedingungen. Durch die Optimierung der menschlichen Potenziale soll die wertschöpfende und zukunftsgerichtete Entwicklung des Unternehmens oder der Organisation gefördert werden, so der Deutsche Bundesverband Coaching e.V. (DBVC).

Wesentliches Merkmal des Coaching ist die Förderung der Selbstreflexion und -wahrnehmung und die selbstgesteuerte Erweiterung der Möglichkeiten des Klienten, des oftmals so bezeichneten Coachees, bezüglich seines Wahrnehmens, Erlebens und Verhaltens. Dabei ist Coaching eine Kombination aus individueller Unterstützung zur Bewältigung verschiedener Anliegen und persönlicher Beratung. In einer solchen Beratung wird der Klient angeregt, eigene Lösungen zu entwickeln. Der Coach ermöglicht das Erkennen von Problemursachen und dient daher zur Identifikation und Lösung der zum Problem führenden Prozesse. Der Klient lernt so im Idealfall, seine Probleme eigenständig zu lösen, sein Verhalten bzw. seine Einstellungen weiterzuentwickeln und effektive Ergebnisse zu erreichen.

Nach dieser Selbstbeschreibung des Coaching liegen die Ähnlichkeiten zur Philosophischen Praxis vor allem im Verständnis der „Hilfe zur Selbsthilfe" auf der Hand. Bei beiden Beratungsformen handelt es sich nicht um eine Form der Expertenberatung (wie es beispielsweise die Steuerberatung oder die Rechtsberatung ist), in der ein Fachmann spezifisches Wissen vermittelt, sondern es geht darum, die Entscheidungsfähigkeit des Klienten weiterzuentwickeln und zu stärken. Ziel des Beratungsprozesses ist es, das Lösungspotenzial, das im Klienten selbst liegt, zu aktivieren. Die Lösung wird nicht von außen an den Klienten herangetragen, sondern kommt aus ihm selbst heraus und wird im Gespräch gemeinsam entwickelt und konkretisiert.

Bei aller Ähnlichkeit gibt es aber doch auch deutliche Unterschiede:

- Coaching wird hauptsächlich im beruflichen Kontext eingesetzt. Die grundlegenden persönlichen Fragen nach Sinn und Orientierung spielen daher – wenn überhaupt – nur eine untergeordnete Rolle.
- Coaching arbeitet ziel- und lösungsorientiert. Das heißt, Coaching ist die Antwort auf ein konkretes Problem, dass es zu lösen gilt. Der Verstehensprozess des Problems, wie er in der Philosophischen Praxis stattfindet, die dabei weniger nach den Ursachen denn nach der Bedeutung eines Problems fragt, wird ausgeklammert und der Blick vornehmlich nur nach vorne auf eine mögliche Lösung gerichtet.
- Coaching ist Mittel zum Zweck, nämlich die Verbesserung der Prozesse und der Wertschöpfung in einem Unternehmen. Dazu sollen Mitarbeiter, vor allem Fach- und Führungskräfte, unterstützt werden, ihre beruflichen Probleme und Fragestellungen, also Dinge, die dem reibungslosen Ablauf im Wege stehen, zu lösen. Mit anderen Worten: Sie sollen besser „funktionieren". Bei diesem Ansatz steht nicht primär Wachstum und Persönlichkeitsentwicklung im Mittelpunkt, sondern die Rolle des Coachees als Arbeitnehmer, als Mitglied einer Organisation.
- Ein wesentlicher Unterschied ist natürlich auch die Frage nach der Bezahlung der Dienstleistung. Während Coaching in der Regel durch den Arbeitgeber finanziert wird, sei es, dass der Klient ein „Coaching-Budget" zur Verfügung hat, sei es, dass er direkt „geschickt" wird, wird Philosophische Praxis bisher noch

selten von Unternehmen finanziert, da ihr Fokus die persönliche Lebensberatung ist.

Fasst man dies zusammen, so könnte man sagen, dass Coaching eine Teilmenge, ein kleiner Ausschnitt aus der Philosophischen Praxis ist, quasi eine Weiterentwicklung der Philosophischen Praxis unter Effizienzgesichtspunkten. Dabei blendet Coaching bewusst große Lebensbereiche aus und konzentriert sich auf berufliche Aspekte. Gleichzeitig führt beim Coaching diese bloße Reduzierung auf lösungsorientierte Ansätze zu einer Art „Selbstverstümmelung": Anstatt sich auf das breite und vielschichtige Fundament der Philosophiegeschichte zu stützen, wird ein Aspekt, die Lösungsorientierung, herausgepickt. Philosophische Praxis verfolgt hingegen einen ganzheitlichen Ansatz, bei dem (nicht nur) schnelle effiziente Lösungen gefragt sind, sondern die zuhörende Begleitung in die Höhen und Tiefen menschlicher Existenz.

Es gehört zur Philosophischen Praxis, dass sie Probleme und Fragestellungen differenziert und verkompliziert, dass menschliches Leben mit seinen Gipfeln und Abgründen erfahrbar wird. Philosophische Praxis macht das Leben nicht unbedingt leichter, aber sicherlich tiefer und intensiver.

PHILOSOPHISCHE PRAXIS ZWISCHEN LEBENSFORM UND PROFESSION

Ein letzter Aspekt der Unterscheidung der verschiedenen Beratungsangebote sei die Frage nach der Lehr- und Lernbarkeit von Philosophischer Praxis bzw. Coaching. Coachingausbildungen gibt es wie Sand am Meer, eine Vielzahl von Instituten hat sich auf die Vermittlung des entsprechenden Wissens spezialisiert. Die Philosophische Praxis tut sich hier schwerer. Das hat nicht nur organisatorische Gründe, sondern es rührt an einem Grundkonflikt:

Philosophische Praxis steht zwischen Lebensform und Profession. Wenn die Basis der Philosophischen Praxis, die philosophische Lebensführung mit Übungen der Selbstsorge, eher einer Kunst, der

Lebenskunst gleicht, ist diese spezifische Kunst der Beratung dann vermittelbar? Und wenn ja, wie? Hier gibt es derzeit mehr Fragen als Antworten. Festzuhalten bleibt aber, dass sich diese Frage nach der Kunst der Beratung eigentlich in allen Bereichen der Beratung stellt, auch wenn sie außerhalb der Philosophischen Praxis dort zu selten thematisiert wird.

Die oben vorgenommenen Abgrenzungen werden dem einen oder anderen sicherlich etwas holzschnittartig erscheinen. Sie sind der Versuch, ein sich dynamisch entwickelndes und rasch wachsendes Beratungsfeld grob zu umreißen. In der realen Beratungspraxis lässt sich oftmals eine Vielzahl von Mischformen erkennen. Dieser Eklektizismus führt dazu, dass theorieunabhängig einzelne Bausteine aus anderen Kontexten übernommen werden und in bestehende Anwendungszusammenhänge integriert werden. So treten klassische Formen der Psychotherapie, wie beispielsweise die Psychoanalyse, kaum noch in Reinkultur auf. Insofern ist oftmals auch kaum noch zu unterscheiden, was jetzt ein genuin philosophischer und was ein psychologischer Beratungsansatz ist.

Als regelrechte „Mode" entwickeln sich derzeit Beratungsinstrumente auf Basis einer systemtheoretischen und konstruktivistischen Philosophie. Diese werden als etwas scheinbar Neues gefeiert, ohne dass die erkenntnistheoretischen Grundlagen dieser Ansätze, die tief in der Philosophie verwurzelt sind, näher beleuchtet werden. Typisch für dieses systemische Denken ist die Lösungs- und Ressourcenorientierung, die sich heute in unterschiedlichen Begrifflichkeiten in vielen Beratungsansätzen wiederfindet.

Während in den Anfangsjahren der Philosophischen Praxis vor allem Abgrenzungsbestrebungen gegenüber der klassischen Psychotherapie bestanden, findet sich heute an vielen Stellen ein deutliches Interesse am Austausch und Zusammenwirken verschiedener Ansätze. Erfolgreiches Beispiel für ein solches Zusammenwirken von Philosophie und psychotherapeutischen Ansätzen sind

Formen der sinnorientierten Beratung. Logotherapie (abgeleitet vom griechischen logos = der Sinn) bzw. Existenzanalyse sind zwei überwiegend synonym verwendete Begriffe für eine um 1930 von Viktor E. Frankl neben der Psychoanalyse Sigmund Freuds und der Individualpsychologie Alfred Adlers begründete so genannte dritte Wiener Schule der Psychotherapie. Logotherapie geht von der Annahme aus, dass der Mensch existenziell auf Sinn ausgerichtet ist und nicht erfülltes Sinnerleben zu psychischen Krankheiten führen kann sowie psychische Erkrankungen von einem eingeschränkten individuellen Sinnbezug begleitet werden.

Dies hat Auswirkungen in alle Bereiche, beispielsweise auf die Frage nach guter Führung von Mitarbeitern und Unternehmen:

WER LEISTUNG WILL, MUSS SINN BIETEN!

Motivation zu guter Arbeit entsteht nicht etwa durch immer höhere Prämienzahlungen, sondern durch das Erleben des eigenen Tuns und Handelns als etwas Sinnvollem. Umgekehrt heißt das auch: Wenn Mitarbeiter in ihrem Tun keinen Sinn erkennen können, leidet die Arbeitsqualität und führt zur inneren Kündigung und Frustration.

3.4.3 Fragetypen in der Philosophischen Praxis

Philosophische Praxis lebt vom Dialog. Neben der oben beschriebenen Zurückhaltung und Offenheit im Prozess des Zuhörens und des Annehmens des Klienten, sind es die Fragestellungen des philosophischen Beraters, die das Gespräch voranbringen. Fragen befördern den gemeinsamen Reflexions- und Klärungsprozess. Die klassischen sokratischen Fragen helfen insbesondere, Begriffe zu klären. Weitere Fragetechniken, die allesamt ihren Ursprung im philosophischen Denken haben, helfen Zusammenhänge aufzuzeigen, Unklarheiten zu beseitigen und kreative Lösungen zu entwickeln.

Im Folgenden soll ein Eindruck über das Spektrum möglicher Fragen vermittelt werden.

Es erscheint paradox: In einem Beratungsgespräch sind nicht gute Antworten hilfreich, sondern kluge Fragen. Fragen sind die wichtigsten Werkzeuge des Beraters. Sie bewusst und passgenau zu stellen, ist der Schlüssel zu wirkungsvollen Interventionen.

Philosophische Fragestellungen helfen, die Wahrnehmungs- und Beschreibungsfähigkeit der Klienten zu erweitern und ermöglichen damit neue Blickwinkel. Philosophische Fragen erwarten im Beratungsprozess nicht immer Antworten, sondern initiieren Denkprozesse und führen so zu alternativen Einsichten.

BEDEUTUNGSFRAGEN

Fragen nach dem „Was" sind Fragen, die auf das Wesen, auf den Kern einer Sache zielen. Sie hinterfragen die Bedeutung, die wir einer Sache beimessen. Die Frage nach dem „Was" einer Sache wird im sokratischen Gespräch im Laufe des Abstraktionsprozesses in verschiedenen Variationen gestellt.

- Was ist gute Führung?
- Was ist ein gutes Unternehmen?
- Was ist das Ziel dieses Unternehmens, was ist der Auftrag dieser Organisation?
- Was ist Kerngeschäft, Kernkompetenz des Unternehmens?
- Was ist die gesellschaftliche Verantwortung des Unternehmens?
- Was sind Beispiele für gute Unternehmenskultur?
- Was sind Merkmale verantwortungsvollen Handelns?

KONKRETISIERUNGSFRAGEN

Konkretisierungsfragen dienen der Darstellung von Zusammenhängen, der Auflösung von Generalisierungen und der Erdung der Erfahrungen an das einzelne konkret Erlebte. Es ist die Balance einer guten Gesprächsführung, sich nicht in den Niederungen einzelner Ereignisse und Beispiele zu verheddern, aber auch nicht im Allgemeinen und Pauschalen zu verharren, sondern dem konkreten Erleben des Gesprächspartners die unvoreingenommene Aufmerksamkeit zukommen zu lassen.

- Können Sie mir eine konkrete Situation schildern, in der das Problem auftrat?
- Was genau haben Sie dort erlebt?
- Warum ist genau dies ein gutes Beispiel für Ihr Anliegen?
- Können Sie diesen Gedanken näher beschreiben?
- Wie wollen Sie diese Situation ändern?
- Wann genau wollen Sie diesen Zustand erreicht haben, was sind Ihre konkreten nächsten Schritte?

Unterscheidungsfragen

Unterscheidungsfragen dienen der Verdeutlichung von Unterschieden in der Wahrnehmung und Bewertung von Zusammenhängen. Unterscheidungen sind Grundlage unserer Wahrnehmung. Merkmale, an denen wir diese Unterschiede festmachen können, konstruieren unsere Wirklichkeit. Fragen nach Differenzen bieten die Möglichkeit, das vermeintliche Wissen der Gesprächsteilnehmer als solches zu entlarven und ein erneutes echtes Nachdenken in Gang zu setzen.

- Worin unterscheidet sich Ihre Situation von anderen?
- Besteht das Problem immer oder gibt es Ausnahmen?
- Wird diese Regel in Ihrem Unternehmen immer angewendet oder wird in Einzelfällen anders entschieden?
- Wie würden Sie diese Sachverhalte auf einer Skala von eins bis sechs bewerten? Was müsste sich verändern, damit sich Ihre Bewertung um einen Punkt nach oben bewegt?

Hypothetische Fragen

Hypothetische Fragen dienen zur Entwicklung neuer Ideen, zur Eröffnung neuer Blickwinkel, Visionen, Utopien. Bisher Unmögliches wird durch eine Frage denkbar gemacht und altvertraute Zusammenhänge werden in einen ungewohnten Kontext gestellt. So kommt Bewegung in das Denken und mögliche Alternativen werden sichtbar.

Dieser Fragetyp, der von der systemischen Therapie und dem Coaching oftmals als „Wunderfrage" aufgenommen wurde, eignet sich insbesondere bei Entscheidungsproblemen.

- Angenommen, Ihr Problem hätte sich heute Nacht in Luft aufgelöst, was wäre dann anders?
- Angenommen, eine gute Fee würde Ihnen drei Wünsche erfüllen, welche wären das?
- Stellen Sie sich vor, wir befänden uns fünf Jahre in der Zukunft: Auf welche Erfolge blicken Sie zurück?
- Was würde passieren, wenn Ihr Chef morgen plötzlich kündigen würde?
- Nehmen wir an, Sie seien der Firmeninhaber, was würden Sie kurzfristig verändern?
- Stellen Sie sich vor, Sie und Ihr Ehepartner würden nochmals ganz neu von vorne anfangen. Was würden Sie anders machen?

Fragen zweiter Ordnung

Fragen zweiter Ordnung machen komplexe Zusammenhänge zwischen unterschiedlichen Beteiligten, d.h. zwischen unterschiedlichen Systemen klar. Fragen zweiter Ordnung reflektieren Selbst- und Fremdwahrnehmung und die entsprechenden Zuschreibungen. Sie machen Perspektiven und Wahrnehmungen anderer erkennbar, Wechselwirkungen zwischen Personen bzw. Systemen sichtbar.

- Was glauben Sie, würde Herr X zu dieser Problematik sagen?
- Wenn Herr Y jetzt hier wäre, was würde er uns bezüglich der anstehenden Veränderungen raten?
- Was würde ein Außenstehender über Ihre Beziehung zwischen Ihnen und Ihrem Chef sagen?
- Wie könnte Ihr Mitarbeiter erkennen, dass Sie unzufrieden mit seiner Leistung sind?

- Stellen Sie sich vor, Ihr Problem habe sich wie durch ein Wunder aufgelöst. Wie würden Ihr Ehepartner oder Ihre Mitarbeiter dies merken?
- Woran könnte Ihr Ehepartner merken, dass Sie ihn zurzeit besonders brauchen?

ZIEL- UND LÖSUNGSORIENTIERTE FRAGEN

Ziel- und lösungsorientierte Fragen verhelfen zu anderen Denkweisen, neuen Handlungsalternativen und zielorientiertem Verhalten. Sie stehen im Gegensatz zu problemorientierten Fragen, die oftmals vergangenheitsorientiert sind und eine Problemverharrung verursachen. Ziel- und lösungsorientierte Fragen loten den Handlungsspielraum aus und stärken die Autonomie der Gesprächspartner.

- Was ist Ihr Ziel?
- Was ist zur Zielerreichung notwenig?
- Woran werden Sie merken, dass Sie Ihr Ziel erreicht haben?
- Welche Kriterien muss eine gute Lösung für Sie erfüllen?

PARADOXE FRAGEN

Paradoxe Fragen dienen zur Verdeutlichung von Unterschieden, zur Kontrastierung eines Sachverhaltes bzw. zur Beleuchtung der jeweils „anderen" Seite. Paradoxe Fragen sollen irritieren und wachrütteln. Sie führen zum Staunen, der Grundlage jeden Philosophierens. Paradoxe Fragen verstärken die als Problem erlebte Ist-Situation durch Überzeichnung und Zuspitzung. Durch die Pointierung wird deutlich, dass es nicht sinnvoll ist, weiter wie bisher zu handeln. „Mehr vom Gleichen" hilft nicht, sondern es müssen neue Verhaltensweisen bzw. Lösungen erarbeitet werden.

- Was können Sie dafür tun, damit das geschilderte Problem ganz sicher noch schlimmer wird?
- Wie könnten Sie es schaffen, dass noch mehr Kunden zur Konkurrenz wechseln?
- Was müssen Sie tun, damit dieses Projekt garantiert scheitert?

- Was müssen Sie tun, damit Sie bei der nächsten Beförderung garantiert leer ausgehen?
- Was müssen Sie tun, um diesen Auftrag garantiert nicht zu bekommen?

Selbstkritischer Einwand: Vom Nutzen der Philosophie

An dieser Stelle muss kritisch nachgefragt werden: Ist Philosophie wirklich eine Lebenshilfe, bietet sie einen wirklichen Nutzen für die Lebensführung oder auch für die Unternehmensführung?

Nach allem, was bisher gesagt wurde, müsste man die Frage sicherlich eindeutig bejahen. Es gibt aber auch noch einen anderen Aspekt der Philosophie, der nicht unerwähnt bleiben sollte, eine Seite, die nicht ganz unerheblich für die Probleme und Herausforderungen der Professionalisierung der Philosophie als Beratungsdienstleistung ist.

Der reflexive und aufklärerische Impuls der Philosophie ist immer auch eine Opposition zum Bestehenden. Philosophie ist der Stachel im Fleisch, sie weiß um die Kontingenz des Einzelnen und der Gesellschaft, sie weiß, dass es auch ganz anders sein könnte und beschreibt mit ihrem utopischen Potenzial Alternativen.

Aus ihrer kritischen Distanz hinterfragt Philosophie alles und damit auch sich selbst und ihr Handeln und Wirken. Nach Thomas Gutknecht, Präsident der IGPP, ist es gerade die „unique selling proposition" der Philosophen, Zweifel zu säen, unzeitgemäße Vorschläge zu machen, mit kreativer Irritation anzuecken und moralischen Widerstand anzumahnen. So wehrt sich die Philosophie gegen jede Art der Vereinnahmung, gegen jede stromlinienförmige Kommerzialisierung. Diese selbstkritische Distanz zu jeder Gesellschafts- und Wirtschaftsform behindert die Etablierung eines klaren Berufsbildes des Philosophischen Praktikers und die erfolgreiche Professionalisierung und Verbreiterung des Beratungsangebotes.

Es ist paradox: Philosophie ist sich ihres großen (Beratungs-)Potenzials bewusst und sträubt sich doch gegen ihre eigene Vermarktung. Sie hat aus ihrer Geschichte gelernt, war lange Zeit „Magd der Theologie", Steigbügelhalterin der Mächtigen und sorgt sich, als Beraterin erneut unter die Räder zu kommen.

Vom Nutzen, von der Nützlichkeit und der Nutzbarmachung der Philosophie zu sprechen, ist also immer auch mit dieser Ambivalenz zu betrachten. Denn würde die Philosophie ihre kritische Distanz verlieren und sich ganz als professionelle Beratungsdienstleistung im Markt verlieren, dann wäre sie keine Philosophie mehr, die diesen Namen verdient.

3.5 Praxisbeispiele

Die folgenden Praxisbeispiele zeigen einen kleinen Ausschnitt aus dem Spektrum der Philosophischen Praxis. Bei allen Beispielen wurden Namen sowie personenbezogene Details geändert. Ähnlichkeiten mit lebenden oder verstorbenen Personen sind daher rein zufällig und nicht beabsichtigt.

3.5.1 Beziehungsprobleme

Karin Stricker, Mitte 50, seit über 20 Jahren verheiratet, berichtet über ihre Unzufriedenheit mit ihrer Beziehung. Im Mittelpunkt ihrer Erzählung steht das „Irgendwie" der Unzufriedenheit. Dieses Unkonkrete treibt sie seit einiger Zeit um. Es ist ein unspezifischer Unmut, sie kann ihn nicht in Worte fassen. Sie merkt nur: Da stimmt irgendetwas nicht in ihrer Partnerschaft, sie weiß aber nicht was.

„Ist denn in jüngster Zeit etwas Konkretes vorgefallen, etwas, das Anlass zur Unzufriedenheit geben könnte? Hat sich etwas in Ihrer Beziehung verändert?"

„Nein, eigentlich ist es so wie immer. Unsere Beziehung ist im Großen und Ganzen harmonisch, ich könnte sagen, wir führen eine gute Ehe. Wenn da nicht diese Unruhe und Unzufriedenheit wären, die für mich irgendwie mit meiner Ehe zusammenhängen."

„Können Sie mir denn sagen, was eine gute Beziehung ist?"

Frau Stricker schaut mich erstaunt an: „Eine gute Beziehung, was das ist?"

„Ja, können Sie mir sagen, was für Sie eine gute Beziehung ausmacht, was Ihnen wichtig ist, was vielleicht auch definitiv nicht zu einer guten Beziehung gehört?"

In den nächsten Gesprächen arbeiten wir am Begriff der guten Beziehung: Was macht sie aus, die gute Beziehung, was sind die Merkmale einer gelingenden Beziehung. In mehreren Abstraktionsschritten nähern wir uns dem Kern, der Wesensbestimmung der Beziehung. Viele implizite Werte und unbewusste Vorstellungen, die die Klientin mit einer guten Beziehung verbindet, werden nun für sie deutlich. Es wird ihr klar, welche Erwartungen und Vorstellungen sie an die Beziehung und auch welche Erwartungen sie damit an ihren Partner hat. Im Lauf des Prozesses wird das „Irgendwie" der Unzufriedenheit konkret und fassbar. Karin Stricker kann nun einzelne Aspekte beschreiben und deutlich benennen, wo ihre Erwartungen an Partnerschaft und Beziehung enttäuscht sind. Sie hat es jetzt in der Hand, ihre Vorstellungen und Erwartungen einer guten Beziehung mit ihrem Partner zu thematisieren und dann gegebenenfalls gemeinsam zu verändern.

Reflexion des Praxisbeispiels

Im Mittelpunkt dieses Beratungsprozesses steht die Klärung von Begriffen und der damit verbundenen impliziten Werte und Erwartungen.

Anlass der Beratung ist die unspezifische Unzufriedenheit der Klientin, am Ende der Gespräche ist sie sich über ihre Erwartungen an eine gute Beziehung im Klaren. Während sie am Anfang in ihrer unspezifischen Unzufriedenheit gefangen war, hat sie im Laufe des

Prozesses ihre Handlungsfähigkeit wiedererlangt. Sie kann ihre Vorstellungen von einer guten Beziehung benennen (und mit ihrem Partner erörtern) und damit an einer Veränderung der Situation arbeiten – sei es eine Änderung innerhalb ihrer Erwartungen an die Beziehung, sei es innerhalb ihres Verhaltens gegenüber ihrem Partner.

Der philosophische Praktiker arbeitet mit den klassischen Mitteln der sokratischen Philosophie, dem Hinterfragen von Bedeutungen von Begriffen. Es geht ihm um die Begriffsbestimmung, die Wesensbestimmung für die jeweiligen Gesprächsteilnehmer. Im Beratungskontext steht dabei nicht eine lexikalische allgemein gültige Definition des Begriffs der Beziehung im Vordergrund, sondern das Explizitmachen der Bedeutung für die Gesprächsteilnehmer in der jeweiligen Situation. Somit kann sich die Begriffsbeschreibung im Laufe der Zeit mit neuen Lebenserfahrungen ändern.

Wesentliches Ziel der Philosophischen Praxis ist die Selbstaufklärung: Durch das Bewusstmachen der eigenen Werte, der eigenen Lebensphilosophie lernt der Besucher der Philosophischen Praxis sich auf neue Art und Weise kennen und gibt sich Rechenschaft. Er klärt sich quasi im Gespräch mit dem philosophischen Praktiker über sich selbst auf. Die Selbstaufklärung – gemäß dem delphischen Motto „Erkenne dich selbst!" – ist Grundlage jeder Autonomie und jedes selbstbewussten und selbstverantwortlichen Handelns.

Die Philosophie ist keine Lehre, sondern eine Tätigkeit.
Ein philosophisches Werk besteht wesentlich aus Erläuterungen.
Das Resultat der Philosophie sind nicht philosophische Sätze,
sondern das Klarwerden von Sätzen.
Die Philosophie soll die Gedanken,
die sonst, gleichsam, trübe und verschwommen sind,
klarmachen und scharf abgrenzen.
Ludwig Wittgenstein: Tractatus logico-philosophicus. 4.112

3.5.2 Lebensentwürfe

Rolf Müller ist das, was man einen erfolgreichen Karrieremenschen nennt. Er ist Mitte 40 und hat soeben mit einem Jobwechsel einen größeren Karriereschritt gemacht. Das neue Engagement beginnt in ein paar Wochen, und obwohl alles so läuft, wie er es sich vorgestellt hat und sein Umfeld ihm versichert, den richtigen Schritt gemacht zu haben, ist da etwas, das ihn zweifeln lässt.

Im Gespräch in der Philosophischen Praxis stellt sich schnell heraus, dass es ihm weniger um die Frage geht, ob der Berufswechsel und die damit verbundene Übernahme von weiterer Verantwortung die richtige Entscheidung war, sondern vielmehr darum zu hinterfragen, ob der gewählte Lebensweg der richtige ist. Mit anderen Worten: Lebe ich das richtige Leben für mich, woher weiß ich, ob mein Lebensentwurf der richtige für mich ist?

Angeregt durch die berufliche Veränderung sieht sich Herr Müller plötzlich mit Fragen konfrontiert, die ihn selbst irritieren und verunsichern und die, so sagt er, völlig untypisch für ihn sind.

Zwei Aspekte werden sichtbar: zum einen die grundsätzliche Frage, ob es so etwas wie einen durchgeplanten und gradlinig gegangenen Lebensweg überhaupt geben kann, zum anderen die Frage, wie denn der eigene Lebensweg aussieht und aussehen soll.

„Kann ich mein Leben wirklich bewusst gestalten und lenken und bin ich es, der entscheidet und plant oder bin ich nicht vielmehr Opfer der Umstände und werde durch die so genannten Sachzwänge gelebt? Bin ich Herr meines Handelns oder meinem Schicksal hilflos ausgeliefert? Und welchen Sinn macht es, wenn ich plane und es am Ende doch ganz anders kommt? Ist es dann nicht viel besser, sich komplett treiben zu lassen?"

Rolf Müller war in dieser Dichotomie gefangen, er sah die Fragen von Freiheit und Fatum in schwarz oder weiß: Entweder ist alles Schicksal und ich brauche nicht mehr aktiv zu planen und mir Gedanken um meine Zukunft zu machen oder ich plane mein Leben und bin dann doch erstaunt bis erschüttert, dass alles ganz anders kommt als gedacht.

Eine erste Klärung des Anliegens findet sich in der Einsicht, dass es nicht um ein „Entweder-oder" geht, ein entweder bewusstes Gestalten und Planen oder ein passives dem Schicksal ausgeliefert sein, sondern vielmehr darum, zu erkennen, dass das Leben gerade aus der Spannung zwischen diesen beiden Polen besteht. Es geht um die Freiheit innerhalb der Sachzwänge, um die Handlungsspielräume innerhalb der eigenen Geworfenheit ins Leben. Diese Freiheit liegt gerade darin, die Möglichkeit der Wahl zu haben, sich jeden Augenblick neu bewusst zu den Dingen und Ereignissen positionieren und verhalten zu können, und in jedem Augenblick dem Erleben Sinn und Bedeutung geben zu können.

Doch wie kann dieses Leben gelebt werden, wie soll die Freiheit genutzt werden?

„Wie sieht denn ihr Vorbild aus? Erzählen Sie doch mal bitte, wer Sie gerne wären", schlage ich vor.

Beim Nachdenken über Vorbilder zeigt sich, dass Herr Müller sich an Künstlern orientiert, bei denen die Arbeit am Werk im Mittelpunkt steht. Es gibt nicht den einen großen Namen, in dessen Kleider Herr Müller gerne schlüpfen würde, sondern es sind die vielen unbekannten Musiker oder Maler, die voller Begeisterung in ihrem Tun sind. Überzeugungstäter, die sich auch durch Kritik oder Niederschläge nicht von ihrem Ziel abbringen lassen. Es ist der Kampf ums Werk, um den perfekten Ausdruck, der die Künstler zu Höchstleistungen anspornt und dies ist es, was Herrn Müller begeistert.

Bei der Übertragung dieser Bilder auf seine jetzige konkrete Lebens- und Berufssituation wird Herrn Müller deutlich, dass folgende Momente wichtig sind:

- Die Begeisterung für das eigene Tun, das vollständige Aufgehen in der Aufgabe, das Eintreten in den „Flow", wie es der ungarische Psychologe Mihaly Csikszentmihalyi beschreibt.
- Die Unabhängigkeit vom Feedback anderer Menschen. Herr Müller weiß genau, was ihm wichtig ist, er hat klare Vorstellungen von der Qualität seiner Arbeit. Dabei ist es ihm egal, wie das

Ergebnis erzielt wird, wichtig ist, dass das Ergebnis der Arbeit wirklich gut ist – auch wenn er und seine Mitarbeiter dafür beispielsweise viele Überstunden leisten müssten. Bei dieser Arbeit an den eigenen Leitbildern wird für Rolf Müller auch erkennbar, dass er im Grunde wesentlich stärker als bisher wahrgenommen ein idealistischer Einzelkämpfer ist, für den am Ende nur das Resultat zählt und der weit weniger der verantwortungsvolle Teamplayer ist, für den er sich selbst bisher gehalten hat.

- Die Frage, ob es, wie es Adorno ausdrückt, ein „Richtiges im Falschen" geben kann. Es geht Müller nicht darum, seinen Job zu schmeißen und ein ganz anderes Leben, beispielsweise das eines Künstlers, zu leben. Es geht vielmehr darum, das Richtige im Falschen zu tun, unter den gegebenen Umständen authentisch zu leben, die innere Freiheit zu wahren.

Reflexion des Praxisbeispiels

Im Mittelpunkt dieses Beratungsprozesses steht die Arbeit an den Lebensentwürfen des Kunden. Dem Wunsch nach der Gestaltbarkeit des eigenen Lebens steht die Erkenntnis, einem unbekannten Schicksal ausgeliefert zu sein, gegenüber. Dies rührt an die grundlegende Frage nach der Freiheit des Menschen. Was ist Freiheit, wie lässt sich Freiheit leben?

Der philosophische Praktiker unterstützt seinen Klienten durch das Aufzeigen möglicher alternativer Einstellungen und Perspektiven.

Die Frage nach dem Richtigen im Falschen reflektiert das Problem, wie man heute in einer Gesellschaft leben kann, ohne sich die Hände schmutzig zu machen, ohne nicht auch Spieler in einem abgekarteten Spiel zu sein, ohne wegzuschauen und sich Augen und Ohren zuzuhalten. Als Teil dieser Gesellschaft tragen wir alle Mitverantwortung für die Umstände und die Verhältnisse, die wir anderen zumuten. Hier machen wir uns schuldig, unseren Mitmenschen und auch zukünftigen Generationen gegenüber – jeden Tag aufs

Neue. Doch wie kann man seiner sozialen und ökologischen Verantwortung der Mitwelt gegenüber gerecht werden?

Philosophische Praxis zeigt, dass es – entgegen dem Diktum Adornos – das richtige Leben im falschen Leben sehr wohl geben kann, dass es kein leichtes Leben, aber ein an Erfahrung reiches und tiefes Leben ist, das den Problemen nicht aus dem Weg geht. Philosophische Praxis knüpft dabei an die Tradition der Selbstsorge und Selbstermächtigung an und vermittelt und erprobt die alten Techniken und Kulturen der Lebenskunst und Lebenskönnerschaft.

3.5.3 Neue Aufgabe

Andrea Henke, eine junge Managerin in einem Handelskonzern, steht vor einer schwierigen Entscheidung. Ihr ist eine neue und sehr interessante Aufgabe angeboten worden, von der sie genau weiß, dass sie zu ihr passen und ihr eine Menge Spaß machen würde, von der sie aber auch weiß, dass sie nur mit einem erheblich höheren zeitlichen Engagement zu bewältigen wäre. Sie fragt sich: *„Soll ich in meinem jetzigen Job bleiben oder soll ich den Karriereschritt wagen? Kann ich dann die Herausforderungen der neuen Stelle mit meinen Vorstellungen eines Familienlebens verbinden? Gehöre ich in dieser Lebensphase nicht stärker nachhause zu meinen Kindern?"*

Bisher war die Vereinbarkeit von Beruf und Familie für sie kein Problem, doch mit der neuen Aufgabe wäre das anders. Gleichzeitig nimmt sie die neue Aufgabe als einmalige Chance für ihre berufliche Weiterentwicklung wahr. Ein echtes Entscheidungsdilemma: Trotz allem Abwägen und Analysieren gibt es kein wirkliches Vorankommen, die Pro- und Contra-Argumente stehen für die Kundin unvereinbar gegenüber.

Im Gespräch der Philosophischen Praxis wird klar, dass es Frau Henke vor allem um das Rollenverständnis einer Mutter im 21. Jahrhundert, ihre eigenen Überzeugungen sowie die gesellschaftlichen Erwartungen geht. Oder sokratisch gefragt: Was ist eine gute Mutter? Gleichwertig dazu stehen die Vorstellungen und Anforderungen an das, was eine gute Managerin ist. Doch welche Aspekte sind wichtiger und haben mehr Wert für Frau Henke?

Trotz intensiver Auseinandersetzung mit den Rollenbildern und den damit verbundenen Werten der Kundin führte die Arbeit nicht zum Ziel, zur Entscheidung, ob Frau Henke die neue Aufgabe annehmen wird oder nicht.

Daher schlug ich vor, die Entscheidungsfindung einmal aus einer anderen Perspektive zu betrachten: *„Stellen Sie sich vor, Sie wären jetzt 67 Jahre alt. Sie haben bis jetzt gearbeitet und können auf ein langes und reichhaltiges Berufsleben zurückblicken. Auch Ihre beiden Kinder sind schon lange aus dem Haus, leben ihr eigenes Leben und wer weiß, vielleicht sind Sie bereits Großmutter. Schauen Sie jetzt zurück auf dieses Jahr und ganz konkret auf die anstehende Entscheidung. Und jetzt stellen Sie sich vor, Sie würden Ihren Kindern von der Entscheidung erzählen, von dem, was Ihnen wichtig in der Erziehung der Kinder war, von Ihrem Familienleben. Erzählen Sie Ihren Kindern auch, was Sie an Ihrer Arbeit faszinierte, was Sie interessiert hat, worauf Sie stolz waren.“*

Nach anfänglichem Zögern kommt Frau Henke ins flüssige Erzählen. Eine lange Geschichte entsteht, ein ganzes Leben breitet sich aus. Viele Einzelaspekte fügen sich zu einem roten Faden, zu einem Lebensweg zusammen. Am Ende entsteht eine Stille.

„Ich habe eine Antwort, ich weiß, wie ich mich entscheiden muss!“ In ihrer Imagination eines abgeschlossenen Berufslebens hatte Frau Henke etwas entdeckt, was ihr vorher verborgen war, das Zünglein an der Waage. Das Dilemma konnte gelöst werden.

Reflexion des Praxisbeispiels

Philosophische Praxis versucht in diesem Beispiel die Klientin in ihrer Entscheidungssituation zu unterstützen. Daher werden in einem ersten Schritt weitere Kriterien für den Abwägungsprozess gesucht. Durch die sokratischen Fragen nach der „guten Mutter", der „guten Managerin" konnten zwar weitere Einstellungen und Erklärungsmuster der Kundin herausgearbeitet werden, doch führte dies nur noch weiter in die „Sackgasse" des Abwägens hinein. Das gesamte Denken war auf einen rationalen Entscheidungsprozess hin fokussiert, der nur noch in „pro und contra" dachte. Dieses erstarrte und verfestigte Denken galt es aufzuweichen und wieder zu verflüssigen.

Über das Mittel des Perspektivwechsels und der Imagination gelang es der Kundin, ihre aktuelle Situation „anders" zu erleben. In diesem Erleben fand sie die Einsicht, die ihr bisher noch fehlte, fand sie dasjenige, das das Pendel in eine Richtung ausschlagen ließ. Dieser Aspekt des inneren Erlebens, der inneren Anschauung, ist dabei von großer Bedeutung. Philosophische Praxis ist mehr als nur das trockene Abwägen von guten Gründen, auf deren Basis dann eine rationale Entscheidung getroffen werden kann. Philosophische Praxis ist – bildlich gesprochen – die Arbeit mit und am ganzen Menschen: Nicht nur sein Kopf, sein Intellekt wird angesprochen, sondern auch das Herz. Dieses sich Einlassen auf das Nichtbewusste und die Intuition hat dabei nichts mit Magie oder Scharlatanerie zu tun, sondern steht in der Tradition der antiken Selbstsorge. Intuition ist dabei die Fähigkeit, Einsichten in Sachverhalte, Sichtweisen, und Gesetzmäßigkeiten durch sich spontan einstellende Eingebungen zu erlangen, die auf nichtbewusstem Weg zustande gekommen sind. Intuition steht letztlich hinter aller Kreativität.

Was genau es war, welche spezifische Einsicht im Einzelnen für die Kundin ausschlaggebend war, ist dabei in diesem Beispiel nicht von Bedeutung (daher wird auch nicht weiter berichtet, wie sich Frau Henke nun entschieden hat). Entscheidend war es, Denkmuster aufzubrechen und den Blick wieder zu weiten. So entstand eine Haltung, in der Intuition möglich war, in der der Geistesblitz als solcher wahrgenommen wurde, in der „der Groschen fallen konnte."

Philosophische Praxis hat hier den Raum zur Verfügung gestellt, dass der Perspektivwechsel, aus der weit entfernten Zukunft einen Blick auf die aktuelle Gegenwart zu werfen, nicht nur ein bloßes Gedankenspiel blieb, sondern die Zeitreise für die Kundin erlebbar wurde. Das Aussprechen des Erlebten, das sprachliche Formulieren der inneren Anschauung förderte Unbewusstes, bisher nicht Gewusstes zu Tage. In diesem Sinne versteht sich Philosophische Praxis ganz in der Tradition der sokratischen Hebammenkunst.

LITERATURHINWEISE ZUR PHILOSOPHISCHEN PRAXIS

- Jahrbücher der Internationalen Gesellschaft für Philosophische Praxis (IGPP) im LIT-Verlag. Bisher erschienen:
  Dialog und Freiheit. 2005
  Beratung und Bildung. 2006
  Philosophische Praxis und Psychotherapie. Gegenseitige und gemeinsame Herausforderungen. 2008
- Achenbach, Gerd B.: Philosophische Praxis. Vorträge u. Aufsätze. Köln: Verlag für Philosophie 1984
- Burckhart, Holger; Sikora, Jürgen: Praktische Philosophie – Philosophische Praxis. Darmstadt: Wiss. Buchges. 2005
- Fintz, Anette Suzanne: Die Kunst der Beratung: Jaspers' Philosophie in Sinn-orientierter Beratung. Locarno: Ed. Sirius 2006
- Lindseth, Anders: Zur Sache der philosophischen Praxis. Philosophieren in Gesprächen mit ratsuchenden Menschen. Freiburg: Alber 2005
- Marinoff, Lou: Bei Sokrates auf der Couch. Philosophie als Medizin für die Seele. München: dtv 2002
- Neubauer, Patrick: Schicksal und Charakter: Lebensberatung in der „Philosophischen Praxis". Hamburg: Kovac 2000
- Ruschmann, Eckart: Philosophische Beratung. Stuttgart: Kohlhammer 1999
- Zdrenka, Michael: Konzeptionen und Probleme der Philosophischen Praxis. Köln: Verlag für Philosophie 1997

4 WAS IST EIN *GUTES* UNTERNEH-MEN? WAS IST *GUTE* FÜHRUNG? – EIN SOKRATISCHER DIALOG

Roger Wisniewski

4.1 Neo-sokratische Dialoge nach Nelson und Heckmann

Mitte der 1990er-Jahre begann ich, mich intensiver mit Philosophie zu beschäftigen und merkte sehr schnell, dass die „alten Griechen" als Ausgangspunkt unentbehrlich waren. Damit sind in erster Linie Sokrates, Platon und Aristoteles gemeint. Sokrates ließ mich von Anfang an nicht mehr los; ich versuchte, alles über ihn zu erfahren, was mir zugänglich war, und je mehr ich über ihn erfuhr, umso wichtiger erschien er mir für meinen Einstieg in die Philosophie.

Im Frühjahr 2004 nahm ich erstmalig an einem Sokratischen Gespräch der Gesellschaft für Sokratisches Philosophieren (GSP) teil. Ich hatte keine klare Vorstellung, auf was ich mich eingelassen hatte. Sechs Tage im August waren vorgesehen, um ein Gespräch zu führen, dem eine einzige Frage zugrunde lag. Das war für mich ungewohnt. Fragen wurden nach meinem bisherigen Verständnis in einer Diskussion, einem Meinungsaustausch, jedenfalls in mehr oder weniger kurzen Dialogen abgehandelt.

Zu den Sokratischen Gesprächen der GSP 2004 hatten sich circa einhundert Teilnehmerinnen und Teilnehmer eingefunden, die sich am ersten Abend im großen Saal eines Tagungshauses in Berlin, direkt am Wannsee gelegen, trafen. Mein erster Eindruck war: Viele Anwesende sind miteinander bekannt. Tatsächlich stellte sich im Laufe der Woche heraus, dass die meisten seit vielen Jahren, manchmal Jahrzehnten, regelmäßig an diesen Gesprächen teilnahmen.

Der Einladung hatte ich entnommen, dass verschiedene Sokratische Gespräche mit unterschiedlichen Themen parallel stattfinden würden. An welchem der Gespräche sollte ich teilnehmen, in welchem Gespräch würde ich die sokratische Methode am besten kennen lernen? Ein erfahrener Teilnehmer, mit dem ich mich bei einem Kaffee unterhalten hatte, empfahl mir, am Gespräch unter der Leitung von Dr. Gisela Raupach-Strey teilzunehmen. Die Ausgangsfrage in diesem Gespräch war im Vorfeld von der Gesprächsleiterin festgelegt und vorbereitet worden, sie lautete: „Ist das, was ich weiß, auch wahr?" An diesem Gespräch wollte ich teilnehmen; die Entscheidung war gut, das erkenntnistheoretische Thema genau richtig für mich.

In der Vorbereitung auf die Veranstaltung war ich bei meinen Recherchen auf zwei Namen gestoßen: Leonard Nelson (* 1882 in Berlin, † 1927 in Göttingen) und Gustav Heckmann (* 1898 in Voerde, † 1996 in Hannover). Beide waren politisch engagierte Philosophen und Pädagogen, wirkten als Hochschullehrer und arbeiteten zunächst offiziell und verdeckt gegen das Naziregime.

Von den Urteilen zu deren Voraussetzungen

Nelson rief mit Freunden 1913 die Jakob-Fries-Gesellschaft ins Leben, der viele namhafte Natur- und Geisteswissenschaftler angehörten, die jedoch aus dem Ersten Weltkrieg geschwächt hervorgingen. 1922 gründete er die Philosophisch-Politische Akademie, die Trägerin des Landschulheims Walkemühle in der Nähe von Kassel war. In dieser Schule für Kinder und auch Erwachsene wurden junge Menschen für eine Tätigkeit im öffentlichen Leben ausgebildet. Die Philosophisch-Politische Akademie, zu der auch die GSP gehört, verfolgt auch heute noch den Zweck, die kritische Philosophie, wie sie von Immanuel Kant begründet und Jakob Friedrich Fries weitergetragen wurde, zu befördern.

Nelson war ein politisch engagierter Mensch, er verstand sich als antiklerikaler, nicht-marxistischer Sozialist. 1922 hielt er in der Pädagogischen Gesellschaft Göttingen einen Vortrag mit dem Titel: „Die sokratische Methode", den auch Gustav Heckmann als Zuhörer verfolgte. Nelson empfahl eine sokratische, gelegentlich auch als neo-sokratisch bezeichnete Unterrichtsmethode: *„Wer im Ernst philosophische Einsicht vermitteln will, kann nur die Kunst des Philosophierens lehren wollen. Er kann seine Schüler nur anleiten, selbst den beschwerlichen Rückgang anzustellen, der allein die Einsicht in die Prinzipien gewährt. Soll es also überhaupt so etwas wie philosophischen Unterricht geben, so kann es nur Unterricht im Selbstdenken sein, genauer: in der selbstständigen Handhabung der Kunst des Abstrahierens.“* Und an anderer Stelle: *„Die sokratische Methode ist nämlich nicht die Kunst, Philosophie, sondern Philosophieren zu lehren, nicht die Kunst, über Philosophen zu unterrichten, sondern Schüler zu Philosophen zu machen.“* (Das sokratische Gespräch, Reclam 2002)

Nelson verweist darauf, dass die ethische Lehre des Sokrates zwar auf dem Satz beruhe, dass Tugend lehrbar sei, aber weil die Philosophie in ihren Grundsätzen dunkel, unsicher und umstritten sei und nicht auf einleuchtenden Wahrheiten beruhe, eine Methode erforderlich sei, *„die das Denken der Philosophen unter ihre Regeln zwingt“*. Und präzisiert an anderer Stelle, *„Was die philosophische Methode leisten soll, ist nichts anderes, als jenen Rückgang zu den Prinzipien zu sichern, der ohne ihren Leitfaden nur ein Sprung ins Dunkle wäre, mit dem wir denn nach wie vor an die Willkür verloren wären“*.

Nelson schlägt ein regressives Abstraktionsverfahren vor, um von den Urteilen zurück auf deren Voraussetzungen zu gelangen. Indem man von den Folgen zu den Gründen aufsteigt, verfährt man regressiv. Durch diese Vorgehensweise werden keine neuen Erkenntnisse gewonnen, doch werden durch das Nachdenken jene klaren Begriffe erreicht, die in unserer Vernunft ruhen.

Dieses untersuchende Zurückgehen, das ein jeder selbst anstellen soll, um Einsicht in die Prinzipien zu erhalten, kann laut Nelson nicht gelehrt, hierzu kann nur angeleitet werden. Es ist nur Unterweisung in der selbstständigen Handhabung der Kunst des Abstrahierens möglich. Durch dieses Abstraktionsverfahren wird das Wissen, das wir schon besitzen, durch Denken ins Bewusstsein gehoben.

Abstraktion und Regression

- **Abstraktion, abstrahieren** (lat. abstractus, abstrahere – abziehen, entfernen, trennen) bezeichnet meist das Weglassen von Einzelheiten, die induktive Denkbewegung vom Einzelnen auf etwas Allgemeines. Bereits Heraklit suchte in allem Seienden nach dem Gemeinsamen.
  In Psychologie und Pädagogik wird heute die Fähigkeit zu abstrahieren als Voraussetzung für die Bildung von Begriffen und Regeln und damit als die Grundlage für das Lernen überhaupt angesehen.
- **regressiv** (lat. regredere – zurückgehen) in der Logik das Zurückgehen vom Bedingten zur Bedingung.
- **regressive Abstraktion** – Zurückgehen vom Einzelnen auf etwas Allgemeines.

Nelson zeigt auf, dass Sokrates großen Erfolg damit hatte, durch seine Fragen die Schüler zum Eingeständnis ihrer Unwissenheit zu bringen, und dass durch die Notwendigkeit, sich auszusprechen, sich auf jede Querfrage einzulassen und über die Gründe jeder Behauptung Rechenschaft abzulegen, ein unwiderstehlicher Zwang entstanden sei. Diese Kunst, gewissermaßen zur Freiheit zu zwingen, macht das Geheimnis der sokratischen Methode aus. Der Schüler/Gesprächspartner wird zur Preisgabe seiner Vorurteile und zur Einsicht in sein Nicht-Wissen gebracht, welche die Bedingung alles wahren und sicheren Wissens ist.

Die philosophische und pädagogische Größe des Sokrates besteht nach Ansicht Nelsons darin, dass er als erster seine Schüler auf den Weg des Selbstdenkens verwiesen hat und nur durch den Austausch der Gedanken eine Kontrolle eingeführt wird, die möglicher Selbstverblendung entgegenwirken kann. Im Rahmen der sokratischen Methode geht es um den Verzicht auf jedes belehrende Urteil: Man ist entweder Dogmatiker oder Sokratiker.

Nelson führt in seinem Vortrag weiter aus, dass es um die Kunst geht, die Schüler „von Anfang an auf sich zu stellen, sie das Selbstgehen zu lehren, ohne dass sie darum allein gehen". Der sokratisch unterrichtende Lehrer stellt weder philosophische Fragen noch gibt er unter keinen Umständen die verlangte Antwort. Er entwickelt vielmehr ein Frage- und Antwortspiel zwischen den Schülern.

Nelson schlägt vor, bei auftretenden Unklarheiten im Verlauf des Gesprächs durch Fragen Klarheit zu erzielen:

„Was meinen Sie mit Ihren Worten?"

„Wer hat verstanden, was eben gesagt worden ist?"

Antworten sollen mit Gegenfragen untersucht werden:

„Was hat die Antwort mit unserer Frage zu tun?"

„Auf welches Wort kommt es Ihnen an?"

„Wer hat zugehört (und kann das Gesagte wiederholen?)?"

„Wissen Sie selbst noch, was Sie eben gesagt haben?"

„Von welcher Frage sprechen wir eigentlich?"

Häufig entsteht in derart geführten Gesprächen große Verwirrung. Manche können der Entwicklung des Gesprächs folgen, andere nicht. Es treten neue Fragen auf, die von wachsendem Unverständnis zeugen, Einzelne beginnen zu schweigen und selbst die anfangs noch Sicheren lassen sich verwirren und verlieren den Faden. Letztlich weiß niemand mehr, wohin die Aussprache steuert. Jetzt ist, laut Nelson, die schon bei Sokrates berühmte Verwirrung eingetreten: Alle sind ratlos.

Aus dieser Verwirrung und Ratlosigkeit führt die berühmte Erkenntnis des Sokrates: Aus der Verwirrung erwächst Erkenntnis, weil die Seele „imstande ist, … sich wieder zu erinnern an das, was sie ehedem ja doch wusste". Dies sei, so Nelson, sokratischer Geist, der starke Geist des Selbstvertrauens der Vernunft, die Ehrfurcht vor ihrer sich selbst genügenden Kraft. Es geht darum, das lediglich übernommene Wissen von der Wahrheit zu sondern, die nur im eigenen Nachdenken langsam in uns zur Klarheit reift. Sokrates scheut daher nicht nur das Eingeständnis des Nichtwissens nicht, sondern er führt es sogar herbei.

Dies bedeutet aber, wie Nelson an anderer Stelle ausführt, *„dass die vernünftige Selbstbestimmung eine hinreichende Aufklärung voraussetze, denn Aufklärung ist, nach Immanuel Kant, nichts anderes als der Ausgang des Menschen aus einer selbst verschuldeten Unmündigkeit. Unmündigkeit ist das Unvermögen, sich seines Verstandes ohne Leitung eines anderen zu bedienen.* Und diese Unmündigkeit ist selbst verschuldet, sofern sie nicht auf äußerem Missgeschick beruht, sondern auf dem bloßen Mangel an Mut, sich zu entschließen und von seinem Verstande Gebrauch zu machen".* (Zitate aus Nelsons Gesammelte Schriften in neun Bänden, Felix Meiner Verlag 1970)

Nelsons Philosophieauffassung entspricht demnach der sokratischen Erkenntnis: Wir besitzen die Kenntnis der letzten Grundsätze immer schon, aber sie sind uns zunächst nicht bewusst und müssen deshalb ans Licht gebracht werden.

Gustav Heckmann und das Sokratische Gespräch

Gustav Heckmann war Professor für Pädagogik und Philosophie an der Pädagogischen Hochschule in Hannover. Er studierte in Göttingen Mathematik, Physik und Philosophie. Einer seiner akademischen Lehrer war der Physiker und spätere Freund Max Born, bei dem er promovierte. Mit dem Physiker Werner Heisenberg, der zu jener Zeit ebenfalls in Göttingen studierte, war er befreundet. Die Physik schien seine Profession zu werden, bis zu dem Zeitpunkt, als er auf Leonard Nelson traf, was seinen Lebensweg entscheidend veränderte.

Heckmann selbst berichtet von seiner ersten Begegnung mit Nelson im Jahr 1922: *„Die Tatsache, dass ich Nelson als philosophischem Lehrer begegnete und dass mir die Gelegenheit gegeben wurde, die sokratische Methode des gemeinsamen Nachdenkens zu praktizieren, hat meine Einstellung zum Leben tief gehend verändert. Als ich zu Nelson kam, befand ich mich in einem Zustand des Skeptizismus, durch den Zweifel verunsichert, soweit tiefere Überzeugungen betroffen waren. Hier fand ich einen Weg, den Zweifel zu überwinden und, durch meine eigene Anstren-*

*gung und durch gemeinschaftliches Nachdenken, festen Boden zu gewin-
nen.*" (Aus einer Rede, die Heckmann 1942 in London gehalten hat
und die Dr. Dieter Krohn und Prof. Dr. Detlef Horster in einem
Sonderdruck des SOAK-Verlags, Hannover, anlässlich des 85. Ge-
burtstags von Heckmann veröffentlicht haben.)

In dem zuvor schon erwähnten von Nelson gegründeten Land-
schulheim Walkemühle unterrichtete Heckmann ab 1927 als Lehrer Erwachsene in Mathematik und Physik nach sokratischer Methode. Ab 1932 war Heckmann mit Gleichgesinnten in Berlin als
Redakteur der Tageszeitung „Der Funke" tätig, die in seinen Veröffentlichungen versuchte, Hitlers Machtergreifung zu verhindern.
Am 17. Februar 1933 erschien „Der Funke" zum letzten Mal.

Im Oktober 1933 war es für Heckmann höchste Zeit, Deutschland zu verlassen. Er flüchtete zunächst mit Gleichgesinnten nach
Dänemark, um dort in einer Emigrantenschule nördlich von Ko-
penhagen weiter als Lehrer zu arbeiten. Etwa 25 Kinder deutscher
Antifaschisten und Emigranten wurden betreut. Als dann der Druck
auf Dänemark durch das Naziregime immer stärker wurde, wech-
selte die Schule samt Schülern und Lehrern 1938 nach Großbritannien. Dort konnte sie bis 1940 in Wales und dann in Bristol weitergeführt werden. Nachdem die deutschen Truppen Frankreich und
die Benelux-Länder besetzt hatten, ordnete die englische Regierung
im Mai 1940 die Internierung der deutschen Flüchtlinge an. Das
bedeutete für Gustav Heckmann Internierung in einem Lager in
Kanada, aus dem er sich 1941 zu einem englischen Pionierkorps
melden konnte, das für das Aufstellen von Wellblechhütten (sog.
Nissenhütten) zuständig war.

Im August 1945 kehrte Heckmann nach Deutschland zurück.
Noch im selben Jahr wurde der Lehrbetrieb an der Pädagogischen
Hochschule Hannover wieder aufgenommen. Gustav Heckmann
lehrte Pädagogik und Philosophie. Im Sommersemester 1982 hielt
er an dieser Pädagogischen Hochschule, die inzwischen Universität
geworden war, seine letzte Veranstaltung: ein Sokratisches Gespräch. Zwischenzeitlich hatte er als erster Vorsitzender des Lehrer-

verbandes Niedersachsen und ab 1956 als Direktor der Pädagogischen Hochschule Hannover gewirkt. (Daten und Ereignisse zu Gustav Heckmann dankenswerterweise von Dr. Dieter Krohn, Hannover)

In seiner Zeit als Hochschullehrer für Philosophie entwickelte er die sokratische Methode weiter und formulierte erstmals Regeln, d.h. pädagogische Maßnahmen für die Leitung Sokratischer Gespräche. Er führte das so genannte Metagespräch ein und rückte in der Praxis einen offenen, demokratischen Geist stärker in den Mittelpunkt. Auch nach seiner Emeritierung setzte er sich nicht zur Ruhe: Ihm lag der Fortgang der sokratischen Arbeit am Herzen.

Das Metagespräch nach Heckmann

Das Sachgespräch wird durch das Metagespräch unterbrochen. Es findet mit allen Teilnehmern, einschließlich des Gesprächsleiters, ein Gespräch über das Sachgespräch statt: Wie ist das Gespräch bisher verlaufen? Was ist im Gespräch gelungen und was ist misslungen? Wo gab es Spannungen oder Konflikte zwischen den Gesprächspartnern? Heckmann forderte dazu auf, hier im Sachgespräch entstandenes Unbehagen zu artikulieren. Es soll berichtet werden, was in der gemeinsamen Arbeit inhaltlich und emotional nicht befriedigt. Hierzu gehört auch Kritik an den Gesprächspartnern oder der Gesprächsleitung, Unzufriedenheit mit der Schwerfälligkeit, Unergiebigkeit, Unübersichtlichkeit des Gesprächs. Es wird besprochen, wie Mängel abgestellt werden können.

Ein Metagespräch wurde bei Heckmann eingeschoben, sobald ein Teilnehmer oder die Gesprächsleitung das Bedürfnis dazu anmeldete. Heute wird das Metagespräch bei mehrtägigen Gesprächen in der Regel am Ende eines Tages durchgeführt. Es verbessert wesentlich die Zusammenarbeit unter den Teilnehmern. Unklarheiten, aufkommende Verärgerung im Verlauf des Gesprächs können später im Metagespräch behandelt werden. Allerdings sollte es hier nicht darum gehen, jegliche Befindlichkeit anderen Teilnehmern gegenüber zu thematisieren – das Sokratische Gespräch ist keine Selbsterfahrungsgruppe. Im Metagespräch besteht die Möglichkeit, auch die Gesprächsleiter hinsichtlich ihrer Vorgehensweise zu befragen und gegebenenfalls zu kritisieren.

Vor diesem Hintergrund können sich die Teilnehmer ganz auf das Sachgespräch konzentrieren. Die Leitung des Metagesprächs übernimmt ein in der Durchführung Sokratischer Gespräche erfahrener Teilnehmer. Der Leiter des Sachgesprächs ist Teilnehmer des Metagesprächs, wie jeder andere Teilnehmer auch.

In seinem 1981 veröffentlichten Buch „Das Sokratische Gespräch" beschreibt Heckmann die Erfahrungen, die er in philosophischen Hochschulseminaren gemacht hat und gibt auch eine allgemeine Definition der sokratischen Methode: „*Sokratische Methode im weitesten Sinne wird praktiziert, wo und wann immer Menschen durch gemeinsames Erwägen von Gründen der Wahrheit in einer Frage näher zu kommen suchen. Dieses Bestreben tritt vielfach hier und da in Gesprächen auf. Sokratisch würde ich ein Gespräch nennen, in dem es nicht nur sporadisch auftritt, sondern durchgängig das Gespräch bestimmt; ein Gespräch, in dem durchgängig ein gemeinsames Erwägen von Gründen stattfindet.*"

In einem Sokratischen Gespräch wird ausschließlich mit dem Instrument des Reflektierens über Erfahrungen, die allen Gesprächsteilnehmern zur Verfügung stehen, gearbeitet.

Nach Heckmann ist ein Gespräch immer dann sokratisch, wenn es dem einzelnen Teilnehmer dazu verhilft, den Weg vom konkret Erfahrenen zur allgemeinen Einsicht eigenständig selbst zu gehen.

Heckmann nennt hierfür sechs pädagogische Maßnahmen, welche im Folgenden zusammengefasst dargestellt werden (Das sokratische Gespräch, Reclam 2002):

1. **Gebot der Zurückhaltung:** Der Leiter oder die Leiterin des Gesprächs muss zu Beginn die Teilnehmerinnen und Teilnehmer auf ihr eigenes Urteilsvermögen verweisen, indem er seine eigene Meinung über die erörterte Sache nicht zu erkennen gibt. Als Leiter muss er den Teilnehmern an Einsicht in den Gesprächsgegenstand oder doch an Erfahrung im Bemühen um Einsicht voraus sein.

2. **Im Konkreten Fuß fassen:** Die Teilnehmer sind aufgefordert, einen in allgemeiner Formulierung geäußerten Gedanken durch ein Beispiel zu erläutern. Je näher es am eigenen Erfahrungsbereich ist, desto besser. Es muss alles Wesentliche mitgeteilt werden können, sonst kommt man der Wahrheit nicht auf die Spur; dabei sind allerdings Beispiele, die zu Peinlichkeiten führen können, zu vermeiden.

3. **Darauf achten, ob die Teilnehmer einander wirklich verstehen:** Wo das zweifelhaft ist, ist eine genaue Verständigung herbeizuführen. Die Teilnehmer drücken ihre Gedanken so aus, dass andere sie verstehen können, und bemühen sich darum, die Gedanken der anderen aufzufassen. Der Gesprächsleiter fragt zum Beispiel: Wie hast du ihn/sie verstanden? Bist du richtig verstanden worden? Ich verstehe noch nicht; kann mir jemand helfen zu verstehen, was er/sie meint?

4. **Festhalten an der gerade erörterten Frage:** Am Thema bleiben. Der Gesprächsleiter muss an einer Frage festhalten, bis sie hinreichend geklärt wurde. Kann eine Frage nicht geklärt werden, muss diese zunächst zurückgestellt werden, um später darauf zurückzukommen.

5. **Hinstreben auf Konsens:** Das Hinausstreben über bloß subjektives Meinen, das Streben nach intersubjektiv Gültigem, nach Wahrheit, ist das Motiv des Sokratischen Gesprächs. Deswegen sind die Gründe für alle Behauptungen zu prüfen und es ist sicherzustellen, dass diese Gründe von allen Teilnehmern als zureichend anerkannt werden. Wenn im Sokratischen Gespräch Konsens über eine Aussage erreicht wurde, hat dieser lediglich

den Charakter des Vorläufigen: Bis auf Weiteres bestehen keine Zweifel mehr an der erarbeiteten Aussage. Jedoch kann ein bisher nicht erwogener Gesichtspunkt in den Blick kommen, der neue Zweifel hervorruft. Dann muss die bisher nicht mehr angezweifelte Aussage von Neuem geprüft werden. Niemals aber wird eine Aussage erreicht, die neuer Revisionsbedürftigkeit grundsätzlich entzogen wäre. Das Sokratische Gespräch setzt in der Tat den Begriff „irrtumsfreie Wahrheit" nicht voraus. Es setzt immer voraus, dass wir eine Aussage als falsch oder als nicht hinreichend begründet erkennen können.

6. **Lenkung:** Hiermit sind alle die Maßnahmen gemeint, mit denen der Gesprächsleiter das Gespräch in fruchtbare Bahnen lenkt. Dadurch sowie durch Maßnahme vier bewahrt der Gesprächsleiter das Gespräch vor dem Schicksal vieler ungeleiteter Gespräche, dem Verlieren eines klaren Gedankenganges, dem Zerfließen und Versanden des Gesprächs. Schon deswegen ist er von der Aufgabe entlastet, seine Position zu der diskutierten Sache zu vertreten. Er beobachtet den Weg, den das Gespräch nimmt und wacht darüber, dass wesentliche Fragen und fruchtbare Ansätze aufgegriffen werden. Die Aufmerksamkeit der Teilnehmer wird so auf einen Punkt gelenkt, dessen Bedeutung für die Untersuchung der Gesprächsleiter erkennt, die Teilnehmer jedoch noch nicht.

Heckmann betont, dass jede individuelle psychische Problematik, soweit dies überhaupt möglich ist, vom Sokratischen Gespräch auszuschließen sei.

In der Gegenwart gewinnt die sokratische Methode für eine Vielfalt neuer Praxisfelder an Bedeutung, wie beispielsweise in der Beratung von Organisationen und Unternehmen, in der Aus- und Weiterbildung von Mitarbeiterinnen und Mitarbeitern. Heute würde Sokrates Menschen in Unternehmen und Organisationen wahrscheinlich fragen:

- Was ist ein gutes Unternehmen?
- Was ist gute Führung: Unternehmensführung, Mitarbeiterführung, Selbstführung?
- Warum sollte man moralisch sein?
- Was ist ein gutes Team?
- Was verstehen wir unter Kundenzufriedenheit?
- Wann ist ein Konflikt konstruktiv?
- Was heißt es für ein Unternehmen, sozial zu sein?
- Was ist gute, gelingende Kommunikation?
- Was bedeutet es, verantwortlich zu sein?

4.2 Beispielhafter Verlauf eines Sokratischen Gesprächs mit dem Thema „Was ist ein *gutes* Unternehmen?"

Im Folgenden soll ein Sokratisches Gespräch vorgestellt werden, das im April 2008 in Berlin durchgeführt wurde. Es wurde aufgezeichnet und wird hier wörtlich wiedergegeben, weil es den Verlauf des sokratischen Ansatzes im Wirtschaftskontext beispielhaft zeigt.

Im Vorstehenden wurde deutlich, dass die Frage nach dem *Guten* auch in die Bereiche der Professionalität, Wirtschaftlichkeit und der Unternehmens- und Wirtschaftsethik zielt. Es stellte sich zum Zeitpunkt des Gesprächs bereits die Frage, ob Ethik im Sinne einer Unternehmens- und Wirtschaftsethik angesichts der Skandale der letzten Zeit und der Verstrickung von Managern und Vorständen in Korruptionsfälle (Zahlung von Schmiergeldern und Steuerhinterziehung) überhaupt möglich oder ob sie illusionär ist. Darauf wird in Kapitel 5 noch ausführlich eingegangen. Eine weitere Frage war, ob man zwischen einem guten Unternehmen und einer guten Führungskraft trennen kann. Im Gespräch stellte sich heraus, dass diese beiden Aspekte offenbar unmittelbar zusammengehören.

Die Besonderheit des Gespräches liegt darin, dass es an zwei Tagen durchgeführt wurde, was von den Gepflogenheiten der Sokratischen Gesellschaft (GSP) abweicht, wo die Gespräche üblicherweise sechs Tage, gelegentlich auch fünf Tage dauern. Während bei der GSP die Sachgespräche in zweimal anderthalb Stunden am Vormittag durchgeführt werden und am Spätnachmittag dann das Metagespräch stattfindet, haben wir zu Zeiten gearbeitet, die im Wirtschafts- und Unternehmenskontext üblich sind: Beginn 09.00, Ende ca. 18.00 Uhr. Die Zeitplanung der GSP würde nach unserer Erfahrung in der Wirtschaft als nicht realisierbar angesehen werden, es sei denn, ein sechstägiges Gespräch würde im Rahmen eines Bildungsurlaubs stattfinden.

Die acht Teilnehmerinnen und Teilnehmer dieses Sokratischen Gesprächs kamen aus unterschiedlichen Branchen, Organisationen und Berufen: einer Rundfunkanstalt, Arztpraxis, Wirtschaftsförderungsgesellschaft, Hochschule, dem Verlagswesen, der Erwachsenenbildung, einer Bundesanstalt und einer Unternehmensberatung (Namen geändert).

Zu Beginn wurden die Grundsätze des Sokratischen Gesprächs und die Regeln für die Teilnehmer und die Gesprächsleitung erläutert. Die Teilnehmerinnen und Teilnehmer verständigten sich auf das so genannte Arbeits-Du.

Das Thema, die Ausgangsfrage „Was ist ein gutes Unternehmen?" war in der Einladung vorgegeben. Im ersten Schritt ging es darum, dass die Teilnehmer aus ihrer eigenen Erfahrung über Beispiele für gute Unternehmensführung berichten sollten. Es wurden neun unterschiedliche Erlebnisse und Erfahrungen aus dem beruflichen Alltag geschildert und anschließend das Beispiel von Udo gewählt, der in den 1980er-Jahren angestellter Mitarbeiter der städtischen Wirtschaftsförderungsgesellschaft Berlin war.

UDOS BEISPIEL FÜR
GUTE UNTERNEHMENSFÜHRUNG:

Die Tätigkeit in einem Unternehmen, die mir am meisten Spaß gemacht hat, und die ich hier als mein Beispiel einbringen möchte, ist das der Wirtschaftsförderung Berlin GmbH. Ich begann dort meine Arbeit in einer schwierigen Phase, da die Stadt als attraktiver Wirtschaftsstandort über Berlin hinaus wenig bis gar nicht bekannt war. Die Wirtschaftsförderungsgesellschaft hatte die Aufgabe, Berlin zu vermarkten: Die Vorteile einer Firmenansiedlung, Produktionsverlagerung oder Geschäftseröffnung in- und ausländischer Unternehmen und die damit verbundenen Präferenzen und Subventionen sollten vorgestellt werden.

An die Spitze der Wirtschaftsförderungsgesellschaft wurde der ehemalige Chef von Ford Europe berufen, Robert G. Layton. Er erhielt einen großzügigen Etat, suchte sich als Mitarbeiter gestandene Leute aus der Wirtschaft aus und die führte er nach dem Prinzip, „Ihr bekommt alle ein ordentliches Gehalt und wie ihr das macht, wie ihr Unternehmen findet und nach Berlin bringt, ist eure Sache".

Wir, die wir selbst keine Anfänger mehr waren und viel Erfahrung hatten, nutzten unsere eigenen vielseitigen Kontakte direkt oder über Verbände und gingen dorthin, wo sich Menschen aus der Wirtschaft trafen: zu Veranstaltungen, Messen und manches Mal auch in einschlägige Restaurants und Bars. Wir nahmen im wahrsten Sinne des Wortes die Firmen an die Hand und sorgten dafür, dass die Entscheider in den Unternehmen sich gut aufgehoben fühlten.

Layton hatte ein Marketing- und Vertriebsteam aus Menschen zusammengestellt, die aus unterschiedlichsten Bereichen kamen. Alle waren hochmotiviert, entwickelten Konzepte und setzten diese zügig in die Tat um. Ich erinnere mich noch an eine schöne Geschichte, als ich eines Tages im Büro meines Chefs war und ein Anruf eines möglichen Investors kam. Layton sprach kurz mit dem Anrufer, sagte ihm, dass er ihn gleich an den Experten für diese Fragen weitergeben würde und reichte mir den Hörer. Er war bekannt dafür und das war seine Arbeitsmethode, dass sein Schreibtisch „leer" war. Jeder seiner Mitarbeiter musste wie sein eigener Unternehmer aktiv werden.

Das war ein ungeheuer fruchtbarer Ansatz, der damals für mich, aber auch die Kollegen, zu einer erfolgreichen und befriedigenden Arbeit führte. Wir schufen die Kontakte, die im Ergebnis zu Existenzgründungen, Sanierungen, Ansiedlungen und Arbeitsplätzen führten. Jeden Monat wurde ermittelt, wie viele und welche Unternehmen angesiedelt, welche Investiti-

onssummen damit verbunden waren und wie viele Arbeitsplätze geschaffen werden konnten. Durch die monatlichen Auswertungen entstand ein gesunder Ehrgeiz unter den Kollegen, möglichst gute Ergebnisse zu präsentieren. Die Art und Weise, wie Mr. Layton führte, war für den Zweck ideal. Er war so souverän, dass er dem damaligen Senat sagen konnte, wie er sich Wirtschaftsförderung vorstellte. Es gab natürlich auch Senatoren, die nicht begeistert waren, dass er die Ansiedlung als sein Verdienst und das seiner Mitarbeiter reklamierte. Dies führte später dazu, dass Layton quasi in die Ecke gestellt und aus seiner Funktion herausgedrängt wurde. Außerdem wurde der Vertrag mit dem stellvertretenden Geschäftsführer, der die Geschäftspolitik vorbehaltlos unterstützt hatte, nicht verlängert. Der Nachfolger von Layton versuchte diese Strategie weit gehend fortzuführen, wurde dann aber auf Betreiben des nächsten Wirtschaftssenators aus dem Amt gedrängt. Er erhielt aber pikanterweise wenige Wochen nach seinem Ausscheiden vom Regierenden Bürgermeister das Bundesverdienstkreuz für seine Leistungen in der Wirtschaftsförderung. Danach wurde ein Verwaltungsmann zum Geschäftsführer bestellt und damit hörte die Arbeit nach dem Prinzip „Unternehmer beraten Unternehmer" auf. Bürokratie breitete sich aus, und die Arbeit machte nicht mehr so viel Spaß.

Udo fasst sein Beispiel in einem Urteil zusammen:

Die Wirtschaftsförderung Berlin war zu meiner Zeit ein gutes Unternehmen, weil sie eine gesellschaftlich wichtige Aufgabe erfüllte, die Mitarbeiter etwas Sinnvolles taten; sie hatten weitestgehende Handlungsfreiheit, organisierten sich selbst, hatten Spaß an ihrer Arbeit und es gab gute Gehälter. Die Mitarbeiter waren sehr qualifiziert, es waren Unternehmertypen, und die Wirtschaftsförderung war eine geschätzte Institution über Berlin hinaus. Das Entscheidende aber war die Unternehmerpersönlichkeit von Robert G. Layton, er war eine eigenständige Person.

Hintergrund

Heute, mehr als 20 Jahre nach diesem Beispiel einer motivierenden Unternehmung, gibt es weit verbreitete Klagen, dass in Berlin zu wenig für die Entwicklung der ansässigen Unternehmen getan werde. Während die eine Seite dafür plädiert, die Wirtschaftsförderung innerhalb der Bezirke personell zu verstärken, will die andere Seite diese Aufgabe einer Wirtschaftsförderungsgesellschaft übertragen.

Die Berliner Morgenpost gibt dazu im August 2008 den Kommentar: „Zu glauben, Beamte der Wirtschaftsverwaltung, die das in 40 Jahren nicht geschafft haben, würden sich plötzlich um Unternehmen kümmern, ist naiv."

Da könnte man den Eindruck gewinnen, dass es in den Jahren, als Robert G. Layton mit seinem Team für die Neuansiedlung und die Betreuung der in Berlin ansässigen Unternehmen verantwortlich war, professioneller zuging. Augenscheinlich ist die Berliner Wirtschaftsförderung heute immer noch durch die Einmischung der politischen Parteien wenig handlungsfähig. Vielleicht fehlt es an einer motivierenden Persönlichkeit wie Robert G. Layton?

FORTSETZUNG DES SACHGESPRÄCHS:
Verständnisfragen der Teilnehmer und Teilnehmerinnen

Ruth: *Wie hat sich die damalige Wirtschaftsförderung ausgewirkt? Welche Investoren kamen, was konnte an Unternehmen angesiedelt werden?*

Udo: *Das ist eine gute Frage. Zunächst ging es ja darum, dass überhaupt etwas passierte. Einige waren der Meinung, es wäre gut, Cluster zu bilden, z.B. für eine Forschungsinitiative, für Medizintechnik und anderes. Es wurden Projektgruppen gebildet. Es gab auch Kritik in die Richtung, dass alles Mögliche und Unterschiedliche angesiedelt würde; dass Firmen kämen, die nach einiger Zeit wieder aufgeben.*

Nachfrage *Hat der Senat sich denn darum gekümmert, welche Firmen*
Ruth: *und Branchen kamen, denn immerhin war ja die Bevölke-*

rung auch davon betroffen, zum Beispiel, was die Umwelt angeht. Oder wurde alles genommen, was sich meldete und interessiert war?

Zwischen-
frage
Martin:
War es damals schon üblich, dass Firmen in dem Maße gefördert wurden und dann nach einiger Zeit in ein anderes Land abwanderten, um dort die nächste Förderung in Anspruch zu nehmen, wie wir es gerade bei Nokia in Bochum erlebt haben?

Hintergrund

Am 15. Januar 2008 gab Nokia die Absicht zur Schließung des Werkes in Bochum bekannt, da aus Wettbewerbsgründen die Produktion nach Ungarn, Finnland und Rumänien verlegt werden sollte. Als Gründe wurden die Lohnkosten und ein generell hohes Kostenniveau genannt. Seit dem 1. Mai 2008 ist die Produktion vollständig eingestellt. Etwa 2.000 Mitarbeiter wurden entlassen. Nokia hatte bis zu diesem Zeitpunkt insgesamt 88 Millionen Euro staatliche Subventionen und Fördergelder erhalten. Einige Tage nach Ankündigung der Werksschließung wurde bekannt, dass Nokia sein Geschäftsjahr 2007 mit einem Rekordgewinn von 7,2 Milliarden Euro abgeschlossen hatte. Das Betriebsergebnis 2007 in Bochum betrug 134 Millionen Euro Gewinn (pro Mitarbeiter 90.000 Euro). Finanzminister Steinbrück nannte diesen Vorgang „Karawanen-Kapitalismus". Nokia bot seinen Bochumer Mitarbeitern Arbeitsplätze in Rumänien an.

Nora:
Habe ich richtig verstanden, dass die Aufgabenstellung sehr klar umrissen war, ein ordentliches Budget für eure Arbeit zur Verfügung stand und dass in dem Moment, wo die Aufgabe sich änderte, die Erfolge ausblieben?

Tom:
Ich habe es so verstanden, dass die Verschlechterung dann eintrat, als die Geschäftsleitung ausgewechselt wurde.

Udo:	*Richtig, die Arbeitsmethode wurde anders, als der Chef wechselte. Nach der Wende war die zentrale Frage, nach welchen Kriterien soll überhaupt angesiedelt werden; ein anderer brisanter Punkt war das Wegbrechen von Firmen, da die Berlin-Präferenzen wegfielen.*
Marcus:	*Ihr ward ja ein überschaubares Team von ca. 15 Personen, das ist ja auch ein Unterschied zu Unternehmen, die mehrere hundert oder gar tausend Mitarbeiter haben und in denen keiner den anderen kennt. In denen es Strukturen und Hierarchien braucht. Du hast erzählt von der ausgeprägten Selbstorganisation und der hohen Eigenverantwortlichkeit. Hattest du einen Chef, mit dem du auf jeden Fall einmal in der Woche die offenen Fragen und die anstehenden Probleme besprechen konntest?*
Udo:	*Ja, das war auf jeden Fall so. Wir hatten jeden Montag eine gemeinsame Besprechung, bei der auch die mögliche Zusammenarbeit oder die Vermeidung von Doppelarbeit unter den Kollegen besprochen wurde.*
Anna:	*In der Ausgangsfrage ist ja auch das Thema Wirtschaftlichkeit enthalten, ich nenne das jetzt mal Profit. Ich möchte herausfinden, was es damit auf sich hatte. Die Gelder kamen ja vom Senat. Eure Existenz war nicht gebunden an Erfolg, ihr musstet euer Geld nicht selbst erwirtschaften.*
Udo:	*Unser Etat, die Finanzierung der Wirtschaftsförderung, erfolgte über den Senat. Wir sind ein Marketinginstrument, eine Institution des Landes Berlin gewesen, und Marketing ist immer ein Zuschussgeschäft.*

Im Anschluss an die Beantwortung der Verständnisfragen sollen die Teilnehmer und Teilnehmerinnen im ersten Schritt des Abstraktionsprozesses Merkmale und Eigenschaften für ein gutes Unternehmen sammeln, die sich aus dem Beispiel ergeben. Es werden zunächst nur Meinungen gesammelt. Die Abstraktion führt schrittweise von der Meinung zur Wahrheit.

Es werden folgende Eigenschaften und Merkmale für gute Führung gesammelt und am Flip-Chart festgehalten:
* Die Institution Wirtschaftsförderung erfüllte eine gesellschaftlich wichtige Aufgabe.
* Die Mitarbeiter taten etwas Sinnvolles.
* Sie hatten große Handlungsfreiheit.
* Jeder Mitarbeiter agierte wie sein eigener Chef/Unternehmer.
* Jeder konnte seine Arbeit selbst organisieren.
* Der Chef war ein allgemein anerkannter Manager.
* Er hatte Zeit für seine Mitarbeiter und schaltete sich nur dort ein, wo er es für erforderlich hielt.
* Er war eine unabhängige, souveräne Persönlichkeit.
* Es zählte das Leistungsprinzip.
* Alle hatten Spaß an ihrer Arbeit.
* Es wurden auskömmliche, gute Gehälter bezahlt.

Die Zusammenfassung dieser Eigenschaften ergab:
* Sinnvolle gesellschaftliche Aufgabe
* Eigenständiges Arbeiten, Handlungsfreiheit, Spaß an der Arbeit
* Chef war als Leiter anerkannt und geschätzt
* Leistungsprinzip und gute Bezahlung

Nachdem die Merkmale eines guten Unternehmens aus dem Beispiel ermittelt sind, weitet der Gesprächsleiter die Frage aus: *„Seht euch die bis jetzt gesammelten Eigenschaften des Beispiels genau an und ergänzt bitte vor dem Hintergrund eigener Erfahrungen die Charakteristika eines guten Unternehmens, die aus eurer Sicht noch fehlen.“*

Es werden folgende Eigenschaften und Merkmale genannt und notiert, dass
* Unternehmen und Führungskräfte über ein motivierendes Menschenbild verfügen und den Mitarbeitern etwas zugetraut wird;

- es sich als selbstregenerativer Organismus versteht, der aus-, weiter- und fortbildet;
- es ein Sinn stiftendes Anliegen hat: hinter den Produkten muss mehr stehen als reiner Gelderwerb;
- die Führungskräfte über eine entwickelte Irritationskompetenz verfügen sollten, d.h. die Fähigkeit, mit Störungen gut umzugehen;
- sie sich an dem ethischen Imperativ Heinz von Foersters: „Handele stets so, dass neue Möglichkeiten entstehen" orientieren;
- die Führungskräfte nach dem „Gärtner-Prinzip" (organisches Wachstum der Mitarbeiter) verfahren und jeder Mitarbeiter am richtigen Platz eingesetzt wird;
- sie über philosophische Kompetenzen wie Staunen, Humor, Mut und Skepsis verfügen;
- konstruktives Streiten erwünscht ist und gefördert wird: Eine sachliche Auseinandersetzung darf den persönlichen Umgang nicht belasten;
- angemessene Gewinne erwirtschaftet werden, damit investiert werden kann und die Arbeitsplätze erhalten bleiben;
- die Gesetze des Landes respektiert werden und nichts geschieht, was nicht erlaubt ist;
- das Unternehmen ein guter Bürger der Gesellschaft ist;
- eine dialogische Kommunikation im Ich-Du, von Mensch zu Mensch geführt wird: Sprecher und Hörer lassen sich aufeinander ein und anerkennen vertrauensvoll, dass der andere hier und jetzt sprechen muss und kann. Er drückt jetzt aus, was momentan wichtig für ihn ist. Dass ich dies als Gesprächspartner erst einmal aufnehme. Solange der andere spricht, hat er Recht und dann wird es im dialogischen Vorgang weiterentwickelt.

Zum Abschluss des ersten Tages wurde ein Metagespräch durchgeführt. Ein Teilnehmer übernahm die Gesprächsleitung und stellte die Frage, wie es den übrigen Teilnehmern mit dem Sokratischen Gespräch an diesem ersten Tag ergangen sei.

Anna (spontan):	*Fröhlich!* Auf Nachfrage, was mit fröhlich gemeint sei, antwortete sie, dass, obwohl das Thema ein ernstes sei, viel miteinander gelacht worden wäre, fände sie, sei bestes Philosophieren.
Martin:	*Ich hatte mir etwas ganz anderes vorgestellt und das ist auch jetzt nicht als Kritik gemeint. Ich habe gedacht, wir diskutieren über Wirtschaftsethik, über ethische Ansätze in der Wirtschaft.*
Gesprächs- leiter:	*Das kann in der Folge unseres Gesprächs auch eine Rolle spielen. Wenn du diesen Punkt morgen einbringst und alle Teilnehmer sich mit dieser Frage beschäftigen wollen, dann kann das so gemacht werden.*
Ruth:	*Was das Sokratische Gespräch an sich angeht, bin ich immer noch auf der Suche. Ich fand es eine gute Diskussion hier, aber solche Gespräche habe ich auch früher schon geführt. Gespräche, die strukturiert waren in einer angenehmen Atmosphäre. Ich habe während des Gesprächsverlaufs gedacht, aha, da habe ich ja doch schon einige Sokratische Gespräche erlebt. Ich bin noch auf der Suche nach dem Besonderen des Sokratischen Gesprächs. Wenn ich Sokrates und sokratisch höre, denke ich, da kommt noch was.*
Pia:	*Mir ging es ähnlich. Von Sokrates war keine Rede. Was ich allerdings selten so erlebt habe, ist dieses bei einem Beispiel bleiben und Merkmale zusammentragen. Nicht, um dann definitiv zu sagen, das sind die Merkmale eines guten Unternehmens, sondern, diese Merkmale wollen wir jetzt noch weiter untersuchen und ergänzen und sehen, wie wir die dann integrieren können und prüfen, wie es dann einen sinnvollen Begriff ergibt. Ich nehme ja das erste Mal an einem Sokratischen Gespräch teil, und ich habe das als sehr fruchtbar empfunden und interessant. Es war dialektisch; was das Sokratische daran sein soll, ist mir noch nicht wirklich klar. Der nächste dialektische Schritt kommt noch; es war ein Sammeln und dann kommt das Integrieren. Es*

wird etwas Ganzes aus den Teilen gemacht. Das kann doch eigentlich jeder.

Gesprächs-
leiter:
Ja, das sollte jeder können, der vollsinnig ist. Da zeigt sich, dass, egal welche Frage wir hier behandeln, wir alle in der Lage wären, diese Frage gemeinsam zu erörtern. Wir könnten zu Erkenntnissen kommen, da, wo wir früher Meinungen, Ansichten, Vorstellungen und Vorurteile gehabt haben. Wir hatten alle, als wir heute hierher kamen, ein Bild von Unternehmen, von guten und von schlechten, von guter und von schlechter Führung. Das Zusammentragen, dieses gemeinsame Denken von einem Beispiel aus, vom speziellen Ereignis zur allgemein geltenden Aussage abstrahierend, das wird nach meiner Kenntnis in dieser Form nur in diesen so genannten Sokratischen Gesprächen gemacht. Hinzu kommt dann, dass das erforderliche Wissen und die Erfahrung, um sich mit einer solchen ethischen Frage auseinanderzusetzen, in diesem oder einem anderen Raum im Vorhinein vorhanden sind. Das Sokratische ist dann das Mäeutische, dieses Hervorholen im Sinne von Gebären, so wie Sokrates es auch getan hat, und es dann zu sortieren.

Pia:
Das ist sehr bedenkenswert, das ist völlig richtig. Wenn man sich heute eine Diskussion über ethische oder auch andere Fragen anhört oder auch ansieht, dann ist das ja selten Gespräch, das ist sehr häufig, wenn ich das mal etwas abfällig sagen darf, Meinungssalat. Jeder sagt seine Meinung und keiner hört dem anderen zu, und es wird nichts miteinander dialogisch entwickelt. Was wir hier getan haben, ist, etwas miteinander dialogisch zu entwickeln, und wir sind noch mittendrin und das nicht nur für das Beispiel, sondern auch zu ergänzen um weitere Merkmale. Das finde ich wunderbar und das meine ich mit allem Ernst, das kann wirklich jeder. Ob es jeder will, das ist die andere Frage. Hier kommt eine Frage des Wollens

hinzu. Es ist für mich eine Metafrage, die mich bewegt und auch bedrückt, dass das so wenige machen, da, wo es darauf ankommen würde. Ich meine, wir können das, wir haben hier keine Ölfirma zu vertreten, wir können das freiwillig und fröhlich tun, wir sind frei von Interessen und frei von Macht, zumindest in dieser Runde.

Nora: *Was ich sehr schön fand, war, dass wir ein sehr geeignetes Beispiel gefunden und gewählt haben. Damit hatten wir Glück. Der Beispielgeber konnte uns viele Hintergrundinformationen geben. Ich vermute allerdings, auch wenn wir ein anderes Beispiel gewählt hätten, wären wir zu den gleichen Merkmalen für ein gutes Unternehmen gekommen und hätten, wenn nicht das gleiche, so doch ein ähnliches Gespräch geführt. Ich fand es sehr gut, dass wir bei einem Beispiel geblieben sind, das der Beispielgeber selbst erlebt hatte.*

Zweiter Tag

Zu Beginn des nächsten Tages werden weitere Merkmale und Eigenschaften für ein gutes Unternehmen ergänzt und schriftlich festgehalten:

- Faires Konkurrenzdenken, d.h. es soll nicht darum gehen, den anderen auszuschalten, ihn zu übervorteilen. Es sollte vielmehr darum gehen, besser zu sein als der Wettbewerber, z.B. besser bei der Produktqualität.
- Einhaltung der Legalität: dass die Steuern gezahlt und keine Bestechungen vorgenommen werden, um an Aufträge zu gelangen.
- Qualitäts- vor Umsatzstreben: die Hauptaufgabe darin sehen, dass man ein gutes Produkt herstellt bzw. anbietet. Wenn dies der Fall ist, kommt der Umsatz von alleine.
- Gesellschaftliche und soziale Einbindung der Mitarbeiter: sie in Entscheidungen einbinden, ein offenes Ohr für ihre Probleme

haben, damit die Mitarbeiter sich mit der Firma verbunden fühlen und ein Interesse daran haben, den Betrieb weiterzubringen.

- Betriebsklima als Produktionsfaktor: Wenn man vom Zweck eines Unternehmens ausgeht, kann es sinnvoll sein, das Betriebsklima als Produktionsfaktor anzusehen.

- Der Übergang zur Wissensgesellschaft bedingt zunehmende Kooperation: Unsere Gesellschaft wird immer wissensorientierter, das sieht man auch daran, dass heute Know-how eine wesentlich größere Bedeutung hat als Maschinen. Früher konnte ein Unternehmer alles überblicken und sagen, da geht es lang. Heute ist das Expertenwissen so wichtig, dass man zu eher kooperativen Zusammenarbeitsformen kommen muss.

- Gewinne ja, aber kein ausschließlicher Fokus auf Gewinnmaximierung, sondern auch auf soziale und gesellschaftliche Verantwortung, Nachhaltigkeit: Bill Gates hat Milliarden mit Microsoft verdient und stiftet wiederum Milliarden für die Bekämpfung von Aids und für gemeinnützige Zwecke. Oder nehmen wir George Soros, der hat gegen die britische Währung spekuliert, Milliardengewinne gemacht und stiftet jetzt für alle möglichen Zwecke und setzt sich dafür ein, dass die Weltwirtschaft besser gestaltet wird. Es sollte für ein Unternehmen oder einen Unternehmer immer darum gehen, dass etwas Sinnvolles entsteht, ob als Arzt mit eigener Praxis oder als Vorstandsvorsitzender eines großen Unternehmens. Die entscheidende Frage ist, ob ich diese Arbeit mache, um möglichst viel Geld anzusammeln oder ob ich viel Geld verdiene, weil ich ein guter Chef bin. Entscheidend ist die ethische Grundeinstellung.

Zu diesem Statement gab es zwei Nachfragen und auch andere Ansichten.

Robert *Die Beispiele Gates und Soros haben sich für mich in Teilen*
fragt nach: *so angehört, nach dem Motto, ich betreibe mein Geschäft*

ohne Rücksicht auf Verluste, mache viele Millionen oder Milliarden Gewinn, werde ein reicher Mann oder eine reiche Frau und anschließend versuche ich, das wieder auszubügeln im Sinne von gutmachen, was ich vorher an fragwürdigen Dingen getan habe und gebe einen Teil des Geldes an karitative Institutionen. Bei Soros, wenn ich das richtig in Erinnerung habe, scheint das ja ganz ausgeprägt gewesen zu sein. Er war einer der größten Spekulanten im Finanzmarkt, wie man es sich schlimmer nicht vorstellen kann.

Nora: *Ich möchte dem zustimmen. Gates hat so viel Geld ange-häuft, dass er mit seiner Stiftung über gesellschaftliche Entwicklungen bestimmt. Dort wird entschieden, wo geforscht wird und wo nicht geforscht wird. Die sind auf-aufgrund ihres Reichtums in der Lage, über wichtige gesell-schaftliche Entwicklungen zu bestimmen.*

Hintergrund

Die Bill & Melinda Gates Foundation ist die größte Privatstiftung der Welt mit Hauptsitz in Seattle, USA, mit einem Kapitalstock von mehr als 37 Mrd. US-Dollar. Sie unterstützt die Behandlung von Krankheiten weltweit durch Impfprogramme in Indien und Afrika und insbesondere bei der Bekämpfung von Aids. Warren Buffett hat 2006 zugesagt, der Stiftung weitere 32 Mrd. zu spenden. Kritiker werfen der Stiftung vor, es ginge ihr vorwiegend um Imagepflege und Einflussnahme.

George Soros, *1930 in Budapest, ist ein US-amerikanischer Investmentbanker, der Milliarden u.a. mit Währungsspekulationen verdient hat. Bekannt wurde Soros 1992, als er in großem Umfang gegen das englische Pfund Sterling spekulierte und 1993 gegen die D-Mark. 2005 wurde er von einem französischen Gericht zu einer Geldstrafe wegen Spekulationsgewinns verurteilt. Der „Menschen-

freund" Soros zeigt sich u.a., indem er Stipendien an hilfsbedürftige schwarze Studenten gegeben hat, eine wichtige Rolle bei
den politischen Prozessen in Osteuropa, die 1989 bis 1991 zum
Zusammenbruch des Sozialismus geführt haben, gespielt haben
soll und immer wieder oppositionelle Gruppen in Osteuropa und
Nichtregierungsorganisationen wie z.b. „Reporter ohne Grenzen"
finanziell unterstützte.

(Quelle Wikipedia)

Udo:	*Für mich ist aber auch klar, dass, wenn es Menschen wie Gates nicht immer schon gegeben hätte, wir heute noch auf den Bäumen sitzen würden.*
Ruth:	*Gewinn und Gewinnmaximierung muss eingebettet werden in soziale und gesellschaftliche Verantwortung und, wenn ich den ökologischen Bereich dazunehme, auch unter das, was heute mit Nachhaltigkeit bezeichnet wird.*
Gesprächs-leiter:	*Seht euch die bisher gesammelten Eigenschaften genau an und fragt euch auf der Grundlage eurer eigenen Erfahrung, ob noch Eigenschaften fehlen.*

Es werden weitere Merkmale und Eigenschaften für gute Unternehmen eingebracht, aus denen anschließend weitere Eigenschaften
herausgezogen werden:

* Mitarbeiterinnen und Mitarbeitern auch auf der „unteren Ebe-
ne", Raum geben für Selbstorganisation und Eigenverantwor-
tung, Ermutigung zur eigenen Lernfähigkeit.
* Nicht nur berufsbezogene Weiterbildung, sondern allgemeine
Weiterbildung für Mitarbeiterinnen und Mitarbeiter.
* Ökosoziale Verträglichkeit, das betrifft die Produkte und deren
Auswirkung auf die Gesellschaft.
* Unternehmerisches Potenzial der Mitarbeiter fördern.
* Ein Teil des Gewinns sollte in soziale Projekte investiert wer-
den.

- Gewesenes und Erreichtes anerkennen.
- Gute Unternehmen erarbeiten einen gesellschaftlichen Mehrwert, in dieser Überlegung ist der Fortschrittsgedanke auch enthalten.
- In einem guten Unternehmen ist eindeutig geregelt, dass keine Schmiergelder gezahlt werden und Korruption und Steuerhinterziehung bestraft werden.

Zum letzten Punkt gibt es erneut Diskussionsbedarf:

Udo:	*Dann muss man sich aber auch klarmachen, dass, wenn keine Schmiergelder gezahlt werden, Arbeitsplätze verloren gehen, weil man manche Aufträge nicht erhält.*
Tom:	*Wenn die Arbeitsplatzsicherung ein ethischer Wert ist, weil Familien durch Arbeitslosigkeit ins Elend kommen und die Kriminalität gefördert wird, stellt sich doch die Frage, ob es ethisch vertretbar ist, solche Geschäfte zu machen? Das sind heikle Fragen.*
Anna:	*Muss denn ein Unternehmen Gewinn oder Profit machen? Reicht es nicht aus, wenn es am Jahresende plus/minus Null ausgeht?*
Tom:	*Die Begriffe sollten wir klären. Profit ist negativ besetzt, man sagt ja zum Beispiel einerseits Profitgier und andererseits aber Gewinnstreben. Es gibt das Bedürfnis nach genauer Begriffsarbeit.*
Gesprächs-leiter:	*Ich habe verstanden, dass wir einen Punkt festhalten sollten, nämlich die Dilemmasituation, in die Unternehmen geraten können, siehe Arbeitsplatzsicherung versus Schmiergelder, und zum anderen entnehme ich der angeregten Diskussion, dass wir in einem Strategiegespräch die Begriffe Gewinn, Profit und Gier klären sollten und dann überlegen, wie wir strategisch weiter verfahren wollen.*

Es folgt ein kurzes Strategiegespräch:

Gesprächs-leiter:	*Es soll darum gehen, die Begrifflichkeiten Profit und Gewinn zu klären und die Frage, ob es darüber hinaus noch weitere Begriffe gibt. Was wollen wir darunter verstehen? Können wir dazu ein gemeinsames Verständnis finden, auch im Sinne der Frage: Was ist ein gutes Unternehmen?*
Anna:	*Die Frage hat sich bei mir aufgetan, als der Begriff Gewinn mehrmals genannt wurde. Bei einem Friseurgeschäft ist es normalerweise so, dass die Angestellten wenig Geld bekommen und den Gewinn kassiert der Inhaber. Es gibt aber auch ein anderes Modell, das ich kennen gelernt habe und das ich sehr attraktiv fand. Die Dienstleistung wird zum gleichen Preis am Markt angeboten, das Ganze ist als Genossenschaft organisiert und der Gewinn wird, nachdem alle Kosten abgezogen sind, unter den Beteiligten gleichmäßig aufgeteilt.*
Udo:	*Wenn man beginnt, den Begriff Gewinn herauszuschälen, ist das ja eigentlich eine andere Form des Einkommens. Wenn ich als Einzelner selbstständig arbeite, weiß ich zunächst noch gar nicht, was ich einnehmen werde. Was am Monatsende übrig bleibt, ist mein Gehalt. Das kann hoch sein, wenn ich viel Umsatz mache, es kann aber auch niedrig sein. Das Risiko trägt der Selbstständige bzw. der Unternehmer. Der Gewinn wäre hier das Gehalt für den Selbstständigen. Wenn man das von der Kapitalgesellschaft her betrachtet, würde man sagen, es gibt einen bestimmten Kostenblock, Lohnkosten, Mietkosten etc. Dazu gehören auch Abschreibungen und Zinsen für evtl. geliehenes Kapital und man weiß, dass ein Unternehmen umso risikoreicher arbeitet, je mehr Geld es geliehen und je weniger Eigenkapital es hat. Auf das Eigenkapital wird nach Abschluss der Bilanz eine Dividende gezahlt, die je nach Verlauf des Geschäftsjahres und abhängig vom Gewinn höher oder niedriger sein kann. Der Gewinn in*

einer Kapitalgesellschaft ist eine andere Form von Zins auf das Kapital.

Ein anderer Punkt ist die Frage: Welcher Gewinn oder auch welches Gehalt ist angemessen? Als Daimler 1998 Chrysler kaufte und die deutschen Manager die Gehälter und Zusatzboni der dortigen Chefs gesehen haben, haben sie geweint. Die Folge war, dass die Gehälter der Vorstände in Deutschland exorbitant gestiegen sind.

Wir sollten eigentlich darauf schauen, welche Gehälter gesellschaftlich akzeptabel sind. Wie hoch darf das Vielfache eines normalen Durchschnittseinkommens sein? Dabei sollte man aber nicht nur bei den Unternehmern und Managern haltmachen, sondern auch Bereiche wie beispielsweise den Sport anschauen, wo etwa Fußballer und deren Trainer Millionen kassieren.

Marcus: *Wir haben ja den Exkurs gemacht, weil uns der Begriff des Gewinnes, bezogen auf ein gutes Unternehmen unklar war. Wenn ich das Votum von eben richtig verstanden habe, wurde gesagt, dass wir auf der Ebene nicht weiterkommen und wir uns sinnvollerweise mit dem Begriff der Angemessenheit beschäftigen sollten.*

Nora: *Ich habe die Frage von Anna so verstanden, ob es nicht ausreicht, wenn ein gutes Unternehmen anstelle von Gewinnen zu machen nur profitabel arbeitet? Das sollte aber nicht heißen, dass es nicht auch Unternehmen geben kann, die Gewinne machen.*

Marcus: *Ich fand den Beitrag von Udo wichtig für unsere Diskussion und insbesondere die Frage nach der Angemessenheit, die ja in der aktuellen wirtschaftsethischen Diskussion ein wichtiger Begriff ist.*

Anna: *Ich schlage vor, dass wir die Merkmale für ein gutes Unternehmen ergänzen um den Begriff der Profitabilität.*

Tom: *Ich sehe die Gefahr, dass wir durch Profitabilität den Begriff des Gewinns unklarer machen.*

Nora:	*Dann fände ich es besser, wenn wir sagen würden, ein gutes Unternehmen soll sich selbst tragen können.*
Udo:	*Was ist dann mit dem Opernbetrieb und den öffentlichen Verkehrsbetrieben, sind die dann nicht gut, weil sie subventioniert werden?*
Robert:	*Diese öffentlichen Unternehmen sind vielleicht deshalb gut, weil sie Preise haben, die nicht Kosten deckend sind und deshalb subventioniert werden, damit Menschen mit geringem Einkommen sich das leisten können.*

Aber ich bin nicht einverstanden mit dem, was bisher gesagt wurde, und zwar aus folgendem Grund: Es gibt einerseits Unternehmen, die wollen nach dem Prinzip der Gewinnmaximierung den höchstmöglichen Gewinn erwirtschaften, d.h. dass dieses das Ziel der Eigentümer und des Managements dieser Unternehmen ist. Diese Haltung gab es in der Vergangenheit und die wird es auch in Zukunft geben. Und dann gibt es die andere Art von Menschen, die auch wirtschaftlich tätig sein wollen, allerdings nicht in der Form, dass sie ihren Gewinn maximieren, sondern diesen anderen gemeinnützigen Projekten und Unternehmungen zugutekommen lassen. Und das sind auf jeden Fall auch Unternehmen, allerdings mit einer etwas anderen Zielrichtung hinsichtlich der Gewinnverwendung.

Marcus:	*Mein Vorschlag ist, dass wir das Thema Gewinn im Sinne von wirtschaftlichem Erfolg im Interesse aller Stakeholder verstehen. Mit Stakeholdern sind auch die Kunden, die Gemeinde oder die Stadt und die Gesellschaft gemeint und nicht nur die Eigentümer, Kapitalgeber, Manager und Mitarbeiter. Dabei geht es darum, dass die unterschied- lichen Interessen aller Akteure am Unternehmen berück- sichtigt werden. Ein Unternehmen ist dann ein gutes Unternehmen, wenn es wirtschaftlichen Erfolg im Interesse aller Stakeholder realisiert.*

Gesprächs- leiter:	*Die Frage stellt sich, ob ihr eine bestimmte Fragestellung, wie ihr das gerade mit der Frage nach Gewinn, Profit und Angemessenheit expliziert habt, auch mit anderen euch wichtig erscheinenden Merkmalen vornehmen wollt, oder ob ihr das vorliegende Material dahingehend bearbeiten wollt, indem ihr es ordnet und auf diesem Weg zu einer sinnvollen Übersicht für weitere Untersuchungen über die Ausgangsfrage kommen könnt?*

Die Gruppe verständigt sich darauf, die gefundenen Merkmale und Eigenschaften in einer Tabelle darzustellen und dazu Überschriften zu bilden.

Es wird vorgeschlagen, notwendige von hinreichenden, akzidentiellen (zufälligen) Merkmalen zu trennen.

Notwendige Eigenschaften und Merkmale

sind solche, die eine Sache charakterisieren; würde man sie wegnehmen, wäre es nicht mehr diese Sache, sondern eine andere. Das Abstrahieren besteht jetzt darin, die akzidentiellen Merkmale abzusondern. Das Notwendige zur Bestimmung eines guten Unternehmens ist dann das, was von allen als unerlässlich angesehen und benannt wird.

Ende des Metagesprächs und Fortsetzung des Sachgesprächs:

Udo:	*Ich schlage vor, die Unternehmensethik als den obersten Wert zu betrachten.*
Nora:	*Ich finde ökosoziale Zielsetzung ist das Wichtigste, sozusagen der Beginn von allem, wenn man weiß, welches Produkt man herstellen oder anbieten will. In dem Moment stellt sich die Frage schon, ob dieses Produkt ökologisch und sozial verträglich ist.*

Udo:	*Kann man denn ökosoziale Ziele verfolgen, wenn man keine Unternehmensethik hat?*
Nora:	*Bevor man etwas herstellt, muss man überlegen, welche Ziele man hat.*
Tom:	*Also ich glaube, dass die beiden ineinandergreifen. Man braucht eine Unternehmensethik, die ausdrückt, wie man ein gutes Unternehmen führt. Wenn man ein Unternehmen gründet, stellt sich die Frage, was sind wichtige ethische Grundüberzeugungen und das andere wäre die Ausrichtung auf das Ökosoziale.*
Robert:	*Ich möchte mit Nachdruck darauf hinweisen, dass ein Unternehmen ja dazu gegründet wird und es dient ja auch in erster Linie dazu, Gewinne zu erzielen, rentabel zu sein. Die Kosten sollen gedeckt werden, ein Gewinn soll übrig bleiben. Wenn wir nun sagen, die ökosoziale Zielsetzung wäre das wichtigste Merkmal, dann möchte ich das doch etwas infrage stellen. Wir sollten die Wirtschaftlichkeit mit den ökosozialen Zielen verbinden.*
Nora:	*Und ich finde, dass im Begriff des Ökosozialen alles enthalten ist.*
Robert:	*Die Wirtschaftlichkeit auch?*
Nora:	*Natürlich, wenn die Arbeitsplätze übermorgen verloren gehen, dann ist es nicht sozial. Das ist im Begriff des Ökosozialen alles enthalten.*
Anna:	*Trotzdem vielen Dank an Robert für den Hinweis. Mir geht es um die Verträglichkeit, dass das, was das Unternehmen tut, was es an Angeboten entwickelt, sich mit den ökologischen und den sozialen Belangen verträgt, und das nicht nur hier in Deutschland, sondern weltweit.*
Udo:	*Wenn wir so weiterdenken, dann würden wir eine Trennung haben. Wenn die Einhaltung der ökosozialen Belange das Ziel ist, das heißt, alles diesem Ziel dient, dann würde jedes andere Ziel, was außerhalb der ökosozialen Zielsetzung liegt, kein angemessenes Ziel mehr sein.*

122

Insofern stellt sich die Frage, ob wir dualistisch denken, indem wir sagen, hier haben wir ein Produkt und da haben wir das Ökosoziale und wir schauen, ob das passt, oder denken wir so, dass wir sagen: Nur die ökosoziale Zielrichtung ist das, woraufhin ich mich entwerfen soll. Wenn dem so ist, dann würde die Frage der Rentabilität eine zweitrangige Frage werden. Wir denken hier im Zusammenhang von Unternehmen, aber wenn man es mal allgemein sieht und man sich fragt: Machst du eigentlich etwas Sinnvolles für die Gesellschaft? Dann ist doch das die primäre Frage und dann musst du die zweite Frage stellen, ob du davon leben kannst. Wenn jetzt jemand sagen würde, ich will nur Gewinn machen, alles andere ist mir egal, dann ist das die andere Seite.

Wenn die Zielrichtung das Ökosoziale sein soll, und wenn jemand da hin will und sich einbringen und in vernünftiger Weise etwas tun will, dann ist das die Zielsetzung. Dann kommt die Gewinnfrage nachrangig als zweite Frage.

Anna: *Ich möchte versuchen, die Frage noch etwas anders zu formulieren: Ich erkenne einen Bedarf, das führt zu unternehmerischem Handeln oder zu einer neuen Geschäftsidee. Wie ich das dann tue, sollte ökosozial verträglich sein. Für mich ist die Verträglichkeit wichtiger als die Zielsetzung. Als Unternehmer oder Manager erkenne ich den Bedarf und die Befriedigung dieses Bedarfes soll sich vertragen mit den Belangen, die ich eben genannt habe. Wenn mein Angebot nicht verträglich ist, muss ich es lassen und mir etwas anderes ausdenken.*

Udo fragt nach: *Ist der Bedarf selbst dann auch ökosozial? Das finde ich, ist eine wichtige Frage.*

Nora: *Ich stimme Anna zu. Der Bedarf an sich reicht mir nicht aus für ein gutes Unternehmen. Es ist ganz wichtig, ob der Bedarf ein sinnvoller Bedarf ist.*

Anna:	*Und genau das entscheidet sich an der Verträglichkeit.*
Udo:	*Das würde bedeuten, dass ein Bedarf nur dann ein sinnvoller Bedarf ist, wenn er ökosozial verträglich ist.*
Robert:	*Wenn ich die Diskussion verfolge, kommen mir nicht nur neu gegründete, sondern auch bestehende Unternehmen in den Sinn. Wenn ich die Konzerne beiseite lasse und nur an die mittelständische Industrie denke, Firmen zwischen 50 und 5.000 Mitarbeitern aus dem Maschinenbau oder welche Branche auch immer. Dann, sage ich aus meiner Erfahrung, sind diese Unternehmen in erster Linie orientiert an der Wirtschaftlichkeit, und einige machen den Versuch, die Wirtschaftlichkeit mit einer ökologischen und sozialen Verträglichkeit zu verknüpfen.*

Mein Eindruck ist, wir stellen das hier ein bisschen auf den Kopf und tun so, als wenn es diese Realität nicht gäbe. Ich verstehe die Überlegungen, die angestellt wurden und bemerke auch in gewisser Weise ein Umdenken bei mir und kann den Überlegungen in Richtung ökosozialer Verträglichkeit auch vieles abgewinnen, fühle mich aber nicht wohl dabei, wenn die Wirtschaftlichkeit so sehr in die zweite oder dritte Reihe gerät. Das entspricht nicht unserer Realität, das ist Zukunftsmusik, die mit Sicherheit wichtig ist.

| Anna: | *Das entspricht auch nicht unserer Natur.* |
| Gesprächs-leiter: | *Wir müssen uns die Ausgangsfrage nochmal genau anschauen. Die Ausgangsfrage heißt: Was ist ein gutes Unternehmen? Und da sind wir wieder am Anfang unserer Diskussion, wo wir überlegt haben, was heißt gut? Was ist denn das Gute? In unserem Gespräch stellen sich verschiedene Kategorien heraus. Es ist keine Zukunftsmusik, sondern eine Ist-Analyse, und wenn wir hier der Auffassung sind, der Aspekt der ökosozialen Verträglichkeit oder der ökosozialen Zielsetzung ist das, was ein gutes Unternehmen ausmacht, steht das nicht im Widerspruch zu der Realität, dass es ganz viele Unternehmen gibt, die* |

anders handeln. Und dass die anders handeln kann ja auch
bedeuten, dass es keine guten Unternehmen sind.

Robert: *Die Hinwendung zum Ökosozialen ist nach meiner*
Meinung erst dann möglich, wenn ein Unternehmen so
wirtschaftet, dass es sich das erlauben kann.

Nora: *Das sehe ich nicht so.*

Robert: *Wenn ich meine eigene kleine Firma nehme: Ich kann mich*
in dem Moment ökosozialen Fragen zuwenden, wenn nach
Abzug aller Kosten noch etwas übrig bleibt. Erst dann kann
ich etwas abgeben, z.B. an soziale Projekte, erst in dem
Moment, wo ich wirtschaftlich in der Lage dazu bin. Wenn
am Jahresende nichts übrig bleibt oder nur sehr wenig, und
das geht vielen Firmen so, vielleicht ist es heute etwas besser
als in den wirtschaftlich schwierigen Jahren, die ja noch
nicht so lange zurückliegen, dann funktioniert das nicht.
(Das Gespräch fand vor der Finanz- und Wirtschaftskrise im April 2008 statt.)

Udo: *Ist es dann trotzdem ein gutes Unternehmen oder nicht?*

Anna: *Was du sagst, wäre noch zu erörtern, ob es wirklich nicht*
funktioniert. Es gab ja schon viele Beispiele von Unterneh-
men, die trotz oder gerade weil sie in einer schwierigen
Lage waren, sich restrukturierten, ökosozial ausrichteten,
und denen es dann besser ging. Es mag auch Beispiele
geben, wo es nicht gelungen ist. Aber ich würde das schon
noch weiter hinterfragen.

Ruth: *Ich möchte das gerne noch mal aufnehmen, was Robert*
gesagt hat. Ich überlege das gerade an mir selbst als Person.
Ich bin keine Unternehmerin oder Managerin. Vieles
geschieht in unserer Gesellschaft, was ich gar nicht will.
Jetzt gibt es zwei Möglichkeiten: Entweder ich steige aus
oder ich mache mit. Für mich persönlich kann ich sagen,
Veränderungen und ökosoziales Denken und Handeln
unter den Bedingungen des Alltags, das ist doch die
eigentliche Schwierigkeit und ich glaube, wenn ich dich

richtig verstanden habe, ist das in deinem Anliegen
gemeint, nämlich die Situation ist so, wie alles andere auch
ist. Und mit dieser Situation muss ich umgehen.
Jetzt weiß ich nicht, ob wir das in diesem Gespräch in
einem Zug miteinander machen können. Ich habe dich so
verstanden, dass du sagst, die Realität ist eine andere,
vielfach. Was ist also das Gute unter den Bedingungen
gegebener Alltagsfaktoren? Die ökosozialen Merkmale
könnten ja auch nicht ganz oben in unserer Rangfolge
stehen, weil sie nicht erreichbar sind. Wenn wir jetzt
Mitarbeiter eines Unternehmens wären und es wäre klar,
dass wir uns das wirtschaftlich nicht leisten könnten, das
ginge gar nicht, was dann?

Nora: *Ich möchte dich verstehen. Würdest du dann sagen, gut ist,*
was erreichbar ist?

Ruth: *Nein, dass würde ich nicht sagen. Es ist schwierig, wir*
müssen realistisch sein und nicht utopisch.

Udo: *Ich finde es problematisch, wenn wir jetzt von Alltag und*
Realität ausgehen, während, wenn wir das gute Unterneh-
men als Maßstab nehmen können, wir tolerant in Bezug
auf viele Dinge sein können, Abstriche machen. Aber das
Ideal steht dann als Maßstab jedenfalls vor Augen und
deshalb können wir nicht anders verfahren, als von dem
guten Unternehmen unseren Ausgangspunkt zu nehmen.

Gesprächs- *Das ist der sokratische Weg. Wir gingen konkret von einem*
leiter: *Beispiel aus und es geht jetzt darum, die wesentlichen*
Merkmale und Eigenschaften daraus zu abstrahieren.

Udo: *Dann ist meines Erachtens die ökosoziale Zielsetzung das*
primäre oder das optimale Ergebnis.

Robert: *Und damit bin ich nicht einverstanden. Für mich hat die*
Wirtschaftlichkeit den gleichen Stellenwert wie das
Ökosoziale.

Ruth: *Hält das Sokratische Gespräch das aus, diese unterschied-*
lichen Meinungen?

Fehlenden Konsens zunächst aushalten

Gustav Heckmann äußert sich in „Das Sokratische Gespräch",
1993, zur Frage der Einmütigkeit, dem Ziel, dass in einer bestimmten Frage ein Konsens erreicht wird, wie folgt: *„Zwar führt dieses Bemühen nicht immer zum Erfolg; aber auch da, wo es sich herausstellt, dass Einmütigkeit über eine bestimmte Frage jetzt nicht erreichbar ist, lag das Bemühen um die Einmütigkeit wesentlich im Sinne der sokratischen Methode. Die Einmütigkeit kann nicht erzwungen werden; sie darf nicht oberflächlich dadurch erreicht werden, dass ein Problem übers Knie gebrochen wird. Es kommt in Sokratischen Gesprächen z.B. die Situation vor, dass alle Teilnehmer bis auf einen in einer bestimmten Frage einig sind und dass der Versuch, mit diesem einen die Erörterung nach Gründen und Gegengründen fortzusetzen, nicht weiterführt, zunächst wenigstens nicht. Dann soll man das Gespräch über diesen Punkt vorläufig abbrechen. Der betreffende Teilnehmer kann in einer inneren Situation sein, die es ihm unmöglich macht, den Weg der freien gedanklichen Erörterung weiterzugehen, zunächst wenigstens."*

Gesprächs-
leiter:
Ich schlage vor, wir gehen kurz vom Sachgespräch zum Metagespräch, weil die Frage gestellt wurde, ob das Sokratische Gespräch Meinungsunterschiede aushält. Was kann das Sokratische Gespräch leisten? Kann die Methode das leisten? Mein Eindruck ist, dass ihr euch etwas verbissen habt in die Rangfolge. Wie wäre es, wenn man keine Rangfolge macht, sondern ein Sowohl-als-auch, also ökosoziale und gleichzeitig wirtschaftliche Merkmale gleichrangig akzeptieren würde, da beides miteinander verwoben zu sein scheint und nicht konträr zu sehen ist.

Tom:
Könnte man die Ausgangsfrage so beantworten: Was unverzichtbar ist, damit es ein gutes Unternehmen genannt werden kann? Dann hätten wir es ohne Priori-

tätsfestlegung, und es wäre nur dann als gut zu bezeichnen,
wenn das, was in Beziehung steht, auch genannt wird. Es
ist interessant, wie die Diskussion läuft, wir beißen uns an
der Frage der Prioritäten fest.

Nora: *Ich finde es trotzdem interessant, weil ich immer noch nicht*
nachvollziehen kann, warum der ökosoziale Begriff die
Wirtschaftlichkeit nicht mit einschließt.

Robert: *Wenn wir einvernehmlich hier der Meinung sind, dass das*
mit „ökosozial" Gemeinte die Wirtschaftlichkeit beinhaltet,
bin ich völlig einverstanden.

Anna: *Ich möchte einen Satz anbieten, mit dem vielleicht alle*
einverstanden sein könnten: Ein gutes Unternehmen
richtet sein Handeln nach ökosozialer Verträglichkeit oder
Merkmalen oder Zielen – da müssen wir noch mal gucken
– unter Berücksichtigung der Wirtschaftlichkeit aus, unter
Einbeziehung eines humanen oder respektvollen Menschen-
bildes aller Beteiligten (Stakeholder). Das sollten wir
versuchen zu verschriftlichen.

Gesprächs- *Ihr habt ja überlegt, was sind notwendige Bedingungen und*
leiter: *du hast jetzt eine Sammlung einzelner Aspekte gemacht,*
die dir subjektiv wichtig erscheinen, aber diese Einzelas-
pekte haben wir noch nicht überprüft, ob das wirklich diese
sind, die notwendig sind. Jetzt sollten wir das Metagespräch
beenden.

Fortsetzung des Sachgesprächs:

Udo: *Es gab ja die Meinung, dass das Ökosoziale bereits alle*
Aspekte einschließt. Selbst wenn man sich darauf einigen
würde, wäre ja immer noch die Frage: Was heißt ökosozial?
Wir können natürlich sagen, das Ökosoziale ist das
Oberziel und darin ist alles enthalten.

Tom: *Die Definitionsarbeit ist wichtig, sie ist auch notwendig,*
weil sie die menschlichen Missverständnisprozesse zeigt.

Durch die Definitionsarbeit werden die Implikationen geprüft. Für jemanden, der nur den Begriff ökosozial hört, für den ist Wirtschaftlichkeit nicht enthalten, im ersten Moment jedenfalls nicht. Wir sollten uns die Frage stellen, ob wir uns auf fünf oder sechs Merkmale und Eigenschaften einigen, die unverzichtbar und notwendig sind, um ein gutes Unternehmen benennen zu können und darauf einigen wir uns konsensuell, und dann prüfen wir die Untergesichtspunkte, also das, was wünschenswert wäre.

Oder wir verfahren so, dass wir prüfen: Was ist im Begriff ökologisch drin? Dann können wir ins Griechische gehen und die begriffliche Quelle nehmen: Was ist sozial und wie wird sozial verstanden? Wenn wir das gut machen wollen, sehe ich keine Chance, heute bis zum Ende unseres Gesprächs fertigzuwerden. Zu einer Definition oder Wesensbestimmung werden wir so oder so nicht kommen, aber das ist wohl auch nicht das Ziel, wenn ich die Intentionen des Sokratischen Gesprächs richtig verstanden habe.

Nora: *Wenn wir uns darauf verständigen können, und das wäre für mich ein gutes Ergebnis, indem wir sagen: Ein gutes Unternehmen ist ein ökosozial geführtes Unternehmen und das bedeutet …* (hier schließen sich die Merkmale und Eigenschaften der nachfolgenden Tabelle an) *und darin ist die Wirtschaftlichkeit enthalten.*

Udo: *Und dann kann man sogar, wenn in einem Unternehmen etwas im Argen liegt, feststellen, an welcher Stelle es hakt. Ob und welche Aspekte die Führung versäumt hat, ob es Mängel im Bereich der Unternehmensethik gibt, wie sich das Betriebsklima gestaltet.*

Die Gruppe gelangt zu folgender Aufstellung der Merkmale eines guten Unternehmens. (Die Überschriften sind als notwendige Bedingungen zu verstehen, die Unterpunkte stellen Erläuterungen dar, keine Festlegung einer Rangfolge oder Wertigkeit.)

Merkmale guter Führung / eines guten Unternehmens

Unternehmens-ethik	Wirtschaftlichkeit	Betriebsklima	Führung, Management	Mitarbeiter
Ethische Grundhaltung	Angemessene Gewinne erwirtschaften, sozial verantwortlich sein	Betriebsklima als Produktionsfaktor betrachten	Motivierendes Menschenbild, den Mitarbeitern etwas zutrauen	Selbsterhaltung des Organismus durch Aus-, Fort- und Weiterbildung
Faires Konkurrenzdenken	Qualitäts- vor Umsatzdenken	Größtmögliche Selbstorganisation und Eigenverantwortung gewünscht	Chef ist Führungspersönlichkeit durch Vorbildfunktion	Mitarbeiter sind angemessen qualifiziert
Berufsethos vor Gewinnstreben	Eine gute Geschäftsidee haben	Maximale Selbstgestaltungsmöglichkeiten	Unternehmerisches Potenzial der Mitarbeiter fördern	Leistungsgerechte Gehälter werden gezahlt

Als Unternehmen guter Bürger der Gesellschaft sein	Passende Mitarbeiterauswahl	Handlungsfreiheit für Mitarbeiter	Gewesenes und Erreichtes anerkennen
Ökosoziale Verträglichkeit	Unternehmen soll Öffentlichkeitsarbeit betreiben	Spaß an der Arbeit	Irritationskompetenz
Ökologie und Nachhaltigkeit	Gutes Image haben	Lernende Organisation	Philosophische Kompetenzen (Staunen, Mut, Humor, Skepsis)
Sinn stiftendes Anliegen / mehr als Profit		Möglichst flache Hierarchie	„Gärtnerprinzip"
Gesellschaftliche Aufgabe erfüllen, einen Mehrwert schaffen			Wissensintensivierung erfordert kooperativen Führungsstil

131

Erläuterungen: Die Teilnehmer sind sich einig, dass Führung und Betriebsklima in einer engen Wechselwirkung zu verstehen sind. Notwendige Bedingungen für ein gutes Unternehmen (Organisation) wären demnach Kriterien, mit denen es sich von jedem anderen Unternehmen unterscheidet.

Zusammenfassend könnten die im Abstraktionsprozess gefundenen Kriterien wie folgt formuliert werden:

EIN GUTES UNTERNEHMEN IST ERKENNBAR UND ÜBERPRÜFBAR AN SEINER UNTERNEHMENSETHIK, SEINER WIRTSCHAFTLICHKEIT, SEINEM BETRIEBSKLIMA, SEINEM MANAGEMENT UND SEINEN MITARBEITERN.

Als Definition und Ergebnis des Sokratischen Gesprächs wird von den Teilnehmern folgender Prinzipiensatz formuliert:

EIN GUTES UNTERNEHMEN RICHTET SEIN HANDELN AN ÖKOSOZIALEN KRITERIEN AUS.

ABSCHLUSSGESPRÄCH UND ZUSAMMENFASSUNG

Nora: *Was mir im Ergebnis sehr wichtig ist, dass es uns gelungen ist, den Dualismus aufzugeben, womit wir unsere Umwelt und unsere Menschlichkeit ruiniert haben, indem wir immer nur das eine oder das andere gedacht haben, anstatt es als einen Organismus zu denken.*

Ruth: *Wichtig finde ich für mich auch, dass wir diesen Weg gegangen sind und nicht ein Merkmal nach oben gestellt haben. Jetzt ist es für mich ein rundes Bild und nicht die oberste Stufe einer Treppe. Eine weitere wichtige Erfahrung für mich war, dass wir mit der Prioritätenfestlegung nicht weitergekommen sind.*

Marcus: *Das heißt aber nicht, dass die Festlegung von Prioritäten grundsätzlich nicht weiterführen kann.*

Nora: *Ich finde, dass wir uns mit der Frage der Prioritäten beschäftigt haben, hat ganz erheblich zu der Erkenntnis geführt, die Gleichwertigkeit von wirtschaftlichen, sozialen und ökologischen Kriterien festzustellen, dass es eine Einheit ist.*

Gesprächs- *Dann habe ich euch so verstanden, dass wir uns bei den*
leiter: *Prinzipien befinden.*

Anna: *Mir ist aufgefallen, wie spät erst in unserem Gespräch der Begriff des Ökosozialen auf der Liste der Merkmale auftaucht und wie wichtig er dann wurde und dass das Beispiel diesen Begriff zunächst noch überhaupt nicht enthielt. Zum Verfahren möchte ich sagen, dass wir uns mehr nach den Gründen für unsere Meinungen hätten gegenseitig befragen können. Dass wir weniger sagen, was wir selbst zu dem Gesagten denken und mehr nachfragen, um den anderen besser zu verstehen. Das habe ich bei anderen Sokratischen Gesprächen fundamental gefunden, den anderen zu befragen, wie er zu seiner Ansicht gelangt ist.*

Marcus: *Bei Sokrates selbst stand ja eine Person im Mittelpunkt, die befragt wurde. In der Neosokratik bezieht sich jeder auf den anderen. Es war hier oftmals so, dass auf etwas Gesagtes ein eigenes Statement abgegeben wurde, sinngemäß mit inhaltlichen Ergänzungen „Ich meine, aber … ".*

Nora: *Das finde ich einen interessanten Punkt. Ich bin in dieser Runde davon ausgegangen, dass jeder von euch absolut triftige Gründe für seine Meinung hat. Jeder könnte einen fundierten Vortrag über die Ausgangsfrage halten und es gibt sicher andere Runden, wo das nicht so ist. Jeder war, fand ich, bei jeder Frage und Nachfrage so klar und konnte nachvollziehbar darlegen, wie er dazu gekommen ist und warum er so denkt.*

Anna: *Sehe ich auch so, ich wollte nur eine Anmerkung zu dieser Methode machen.*

Nora: *Dafür bin ich auch dankbar. Mir war einiges zur Methode nicht klar genug. Es wurden vom Gesprächsleiter zu Be-*

ginn viele Informationen und Hilfestellungen zur Methode gegeben, aber ich habe erst langsam begriffen, worum es eigentlich geht.

Gesprächs- *In dieser Runde saßen ja drei Teilnehmerinnen und*
leiter: *Teilnehmer, die das Sokratische Gespräch als Methode bereits kannten. Wie ist es denn den anderen mit der Methode gegangen?*

Nora: *Mir ging es manchmal zu langsam. An manchen Stellen hatten wir längere Diskussionen und oft habe ich das kaum ertragen können. Ich habe gedacht, wir müssen jetzt der Methode willen das Pferd von hinten aufzäumen. Das fand ich schwierig. Aber vielleicht war eben auch meine Vorstellung falsch, dass ich wirklich immer davon ausging, dass jeder hier in der Runde genau weiß, was er sagt und auch eine Begründung dafür klar hat. Ich fand es sinnvoll, dass wir uns für einzelne Fragen viel Zeit genommen haben, und anderes hätte gut abgekürzt werden können.*

Tom: *Ich habe im Vorfeld einige Aspekte des Sokratischen Gesprächs gekannt und darüber gelesen und war sehr froh teilnehmen zu können. Ich denke auch, der Aspekt, weniger Meinungen mitzuteilen und mehr zu fragen, ist richtig. Der Gesprächsleiter war sehr freundlich mit uns, ich hätte mir manchmal eine schärfere Moderation gewünscht. Ich fand sehr anschaulich, was der Beispielgeber erzählt hat. Ich höre gerne zu, weil ich etwas dabei lerne.*

Nora: *Ich habe noch etwas vergessen, nämlich, dass ich die Erfahrung ganz wunderbar fand zu sehen, wie viel wir als Gruppe in der Lage waren zusammenzutragen in so kurzer Zeit, und dass niemand alleine in der Lage gewesen wäre, davon gehe ich aus, so viele Kompetenzen zu vertreten, was auch so klar wurde bei unserer Diskussion über den Bildungsbereich und jeder seinen Bereich hatte, wo er vieles, Wichtiges und Wesentliches beitragen konnte. Das finde ich eine gute Erfahrung und sehr nachahmenswert.*

Ruth:	*Meine langjährigen Erfahrungen in Kommissionen sind in manchen Teilen ähnlich mit dieser Art der Gesprächsführung hier. Ich finde es aber ganz erstaunlich, und das ist eine Erkenntnis aus diesem Gespräch, wie wichtig es ist, aufeinander zu hören und sich dann auch wieder zu treffen und dann zu sehen, welcher Begriff oder welches Wort ist hier wichtig, um den Prozess weiterzubringen. Wo ich noch nachdenke, ist der Punkt, dass so viele unterschiedliche Aspekte angesprochen wurden, die hätten vertieft werden können. Ich habe manchmal gedacht, man müsste noch auf andere Punkte kommen, das erlaubt aber natürlich diese Methode nicht. Das ist dann manchmal so ein kleiner innerer Kampf.*
Udo:	*Ich fand die beiden Tage sehr interessant, auch unter dem Aspekt des Kennenlernens der sokratischen Methode. Man darf nicht vergessen, dass an dieser Veranstaltung auch einige Philosophen teilgenommen haben. Das ist ja in einem Unternehmen nicht unbedingt der Fall. Ich habe überlegt, was diese Art von Gespräch für Menschen in Unternehmen bedeuten würde, die keine Philosophen sind. So vorzugehen und Mitarbeiter in Unternehmen, Führungskräfte, Vorstände an diese Methode heranzuführen und auf diese Weise Fragestellungen zu problematisieren, das scheint mir ein guter Ansatz zu sein.*
Gesprächs-leiter:	*Für mich gibt es eine ganz große Erkenntnis aus unserem Gespräch, und die möchte ich so formulieren: In Vorbereitung auf unser Gespräch habe ich mir das Buch von Gustav Heckmann nochmals angesehen, wo er Auszüge aus den von ihm geleiteten Sokratischen Gesprächen beschreibt. Er ist, wenn ich das richtig sehe, im Zeitraum eines ganzen Semesters in keinem der von ihm beschriebenen Fallbeispiele und Gesprächsaufzeichnungen über die Arbeit an einzelnen Merkmalen und Eigenschaften hinaus zur Bestimmung von Kriterien oder Prinzipien gekommen.*

	Die Zeit hat einfach nie gereicht. Dies kennen wir auch aus den Gesprächen, die die Gesellschaft für Sokratisches Philosophieren, (GSP) veranstaltet. Es geht dort um den Prozess und die in diesem Prozess gewonnenen Erkenntnisse.
Udo:	*Könnten wir daraus schließen, dass es im Sokratischen Gespräch auch darum geht, in einer Gruppe gemeinsam zu philosophieren? Sich in philosophische Überlegungen zu begeben, das ist ein wichtiger Aspekt, finde ich nach der Erfahrung hier, und ist das nicht eigentlich auch ein Ziel?*
Gesprächs-leiter:	*Ja, es handelt sich im besten Sinne um gemeinsames Philosophieren. Ein Ziel des Sokratischen Gesprächs ist sicher auch, dass durch den Prozess im Einzelnen Veränderungen vor sich gehen. Meinungen, Anschauungen, Vorurteile werden überprüft und besser verstanden, ohne zu einer endgültigen Wahrheit in einer bestimmten Frage zu kommen. Was wir erarbeitet haben, gilt für uns hier in diesem Kreis und zu diesem Zeitpunkt. Wenn wir uns in einem Jahr die gleiche Frage vorlegen würden, könnten die gefundenen Merkmale und Eigenschaften, Urteile und Prinzipien in Teilen auch anders ausfallen.*
Anna:	*Auch diese Haltung, Meinungen und Vorurteile zu überprüfen. Jeder, denke ich, durchläuft diesen Prozess und erkennt an sich selbst durch eigenes Nachdenken und den Meinungsaustausch, wie heilsam und hilfreich das für einen selbst sein kann, die eigene Meinung zur Disposition zu stellen. Was die hier verschiedentlich angesprochene Geduld betrifft, ist es nach meiner Wahrnehmung ein fundamentales Element dieser Methode, den Zweifeln nachzugehen und einen Zweifel, den jemand aus der Runde noch hat, auszuräumen; selbst wenn der Geduldsfaden schon mehrmals gerissen ist, dass dann doch ein Konsens entwickelt werden konnte. Das finde ich, ist auch eine zivilisatorische Leistung, die nicht unbedingt bei allen Menschen so intensiv verankert ist.*

Nora:	*Ja, das sind wichtige Punkte, die du ansprichst. Manchmal dachte ich, wenn jemand nochmals nachfragte: Wir sind doch eigentlich schon weiter und tun so, als wären wir noch da, wo wir gar nicht mehr sind, und an diesen Stellen hat mich das dann fertiggemacht.*
Anna:	*Und ich habe dann Momente gehabt, wo ich gedacht habe, was bedeutet dieser Satz oder dieser Begriff, da war ich dann noch nicht so weit.*
Nora:	*Ja, das fand ich auch sinnvoll, dass du gesagt hast, dass du den Satz noch nicht ganz verstanden hast.*
Tom:	*Für mich stellt sich noch die Frage, was eigentlich letztlich wichtiger ist, der Weggewinn oder der Zielgewinn? Der Satz steht jetzt da, ein schöner Satz – einfach und klar.*
Gesprächs-leiter:	*Vielen Dank für die gemeinsame Arbeit.*

4.3 Paradigmen sokratischen Philosophierens – Regeln für die Teilnehmer und die Gesprächsleitung

Nimmt man Sokrates philosophisches Selbstverständnis beim Wort, nach dem für ihn *„ein Leben ohne Selbsterforschung nicht lebenswert sei"*, so ist für ihn das Ziel der Philosophie letztlich kein eigentlich theoretisches, sondern ein praktisches und therapeutisches: Philosophisches Denken steht im Dienste einer Selbsterkenntnis, ohne die ein wahrhaft menschliches Leben nicht denkbar ist.

Nicht Wahrheit an sich ist das Ziel, sondern ein durch Wahrheit und Wahrhaftigkeit gekennzeichnetes gutes Leben. In der Tat sieht sich Sokrates primär nicht als Lehrmeister, der eine Botschaft oder Lehre zu verkünden hat, sondern als Erzieher, Berater, Trainer oder Coach, dem es um Entfaltung der Kompetenzen seiner Gesprächspartner geht.

Philosophie ist kein geschlossenes Lehrgebäude,

sondern eine Praxis des Fragens und Suchens. Philosophieren ist
eine dynamische Tätigkeit und kein fertig gegebenes Dogma.

Philosophie ist dem sokratischen Paradigma nach eher Kunst als
Wissenschaft. Das Sokratische Gespräch ist die Kunst, nicht Philosophie, sondern Philosophieren zu lehren und zu lernen.

Ein Philosoph in der Tradition des Sokrates zielt nicht darauf
ab, Philosophie zu unterrichten, sondern Menschen zu Philosophen
zu machen. Es geht also nicht darum, philosophisches Wissen zu
vermitteln, sondern die Fähigkeit zu entwickeln, sich philosophische
Einsichten durch eigene Anstrengungen der Problemidentifikation,
der Problemlösung und der reflexiven Selbstklärung anzueignen.
Das Ziel der sokratischen Philosophie ist primär nicht die Weitergabe von Wissen, sondern die Entfaltung von Kompetenzen.

Philosophie ist partnerschaftlicher Dialog –

unter Respektierung der Würde und Autonomie des Dialogpartners.
Sokratisches Philosophieren ist damit wesentlich eine bestimmte
Form kommunikativen Handelns.

Das Paradigma des Sokratischen Gesprächs ist eher eine Idealisierung von Sokrates Gesprächsmethode als die, die wir in den platonischen Dialogen tatsächlich vorgeführt bekommen. Die Dialoge
des historischen Sokrates sind weit gehend nur dem Namen nach
mäeutisch. So schreckt der Sokrates der platonischen Dialoge auch
vor manipulativen Mitteln nicht zurück, während sich der heutige
Gesprächsleiter beim Sokratischen Gespräch in Geduld und Zurückhaltung übt, ohne zu dozieren oder Suggestivfragen zu stellen,
und den Gesprächsteilnehmern bei der Artikulation ihrer eigenen

Gedanken ausreichend Zeit lässt. So fußt die sokratische Methode auf einer Haltung wechselseitiger Achtung, die eine persönliche Bloßstellung und Beschämung kategorisch ausschließt.

In den platonischen Dialogen beherrscht Sokrates als dominanter Gesprächspartner das Gespräch mit einem oder auch zwei Gesprächspartnern, während sich in den Sokratischen Gesprächen eine Gruppe von mehreren Teilnehmern mit einem Gesprächsleiter der dialogischen Klärung philosophisch-moralischer Fragestellungen, Auffassungen oder Überzeugungen zuwendet.

Ausgangspunkt des sokratischen Philosophierens

ist der einzelne Mensch, das einzelne Subjekt und sein konkretes individuelles Erleben und Handeln.

Das sokratische Philosophieren setzt beim Einzelfall an und geht von da aus induktiv zum Allgemeinen:
- bei Begriffen abstrahierend von der Merkmalsanalyse zur Definition, bei erkenntnistheoretischen Problemen von der Klärung der Erkenntnismodi,
- vom singulären Urteil zum allgemeinen Prinzip,
- bei ethischen Problemen von der Kasuistik des Einzelfalls zur allgemeinen Regel.

Jede andere als diese regressive Methode des Fortschreitens vom Einzelnen zum Allgemeinen kann das Dunkel nicht erhellen, das gerade die grundlegendsten Begriffe und Prinzipien umgibt. Denn gerade das Allgemeinste und Vertrauteste ist das am wenigsten Durchschaute: Nur das Einzelne ist durchsichtig und unstrittig genug, um als Ausgangspunkt für die angestrebte Erkenntnis des Allgemeinen infrage zu kommen. Deshalb setzt der sokratische Dialog bei den konkreten Problemen an, die die Gesprächsteilnehmer aus ihren individuellen Lebenszusammenhängen mitbringen, und nicht bei konstruierten Lehrbuch-Problemen.

gehen der kritischen Prüfung voraus.

Das sokratische Philosophieren vollzieht sich in den Schritten: Verstehen, Analyse und kritische Reflexion. Der erste Schritt dient dem Kennenlernen und Verstehen von Lebensorientierungen, Werthaltungen, Weltanschauungen, religiösen Bindungen usw., der zweite der Klärung ihrer deskriptiven und normativen Voraussetzungen, ihrer Funktionen, Auswirkungen und konkreten Anwendungsbedingungen, der dritte der kritischen Prüfung dieser Voraussetzungen sowie der Erwägung und Diskussion von Alternativen.

Durch jeden dieser drei Schritte werden wichtige Fähigkeiten eingeübt und Bereitschaften entwickelt:

- eigene und fremde Vorstellungen vorurteilsfrei zu erkennen und zu verstehen (Empathie, Verständnisbereitschaft, Toleranz),
- eigene Vorstellungen zu artikulieren und moralisch Stellung zu nehmen (Selbsterkenntnis, Kommunikationsfähigkeit, Problembewusstsein, Selbstbewusstsein), sowie
- eigene und fremde Vorstellungen auf ihre deskriptiven und normativen Grundlagen hin zu befragen und sich mit ihnen auseinanderzusetzen (Urteilsfähigkeit, Kritikfähigkeit).

Wesentlich für das Sokratische Gespräch ist die Verfahrensregel der optimalen Ermöglichung wechselseitigen Verstehens durch den Gesprächsleiter. Diese Regel verpflichtet den Gesprächsleiter, dafür zu sorgen, dass alle Äußerungen von allen anderen verstanden werden und dass jeder eine Chance hat, wenn notwendig, weitere Erklärungen zu verlangen.

Klarheit ist eine der obersten Maximen des Sokratischen Gesprächs. Vielfach gehört es zum Wesen von impliziten Werten und Gefühlen, nicht vollständig durchsichtig zu sein. Daher werden Nachfragen nach weiterer Klärung vom Leiter stets unterstützt. Außerdem wird er selbst weitere Klärungen verlangen, wann immer er dies für sinnvoll und fruchtbar hält.

Die Fähigkeit, eigene Sinn- und Wertvorstellungen zu artikulieren, ist wesentliches Lernziel des sokratischen Philosophierens. Oft sind nicht nur die Lösungen, sondern auch bereits die Fragen alles andere als klar und es bedarf fremder Hilfe, um eine Frage, eine Irritation, eine Erfahrung für den Einzelnen artikulierbar zu machen. Möglicherweise reichen die eigenen sprachlich-begrifflichen Mittel nicht aus, um das vorsprachlich Gefühlte oder Gefragte adäquat auszudrücken, oder die Frage oder Erfahrung ist selbst noch zu diffus. Der Gesprächsleiter und die jeweilige Gruppe können dann Entscheidendes dazu beizutragen, um Inhalt und Ausdruck des Gemeinten zu klären.

Mit der Artikulation eigener Erfahrungen, Beurteilungen und Werte wird einem selbst das bis dahin Unbewusste verständlich. Eine distanzierte, kritische, offene Einstellung zu sich selbst und den eigenen Handlungen und Erfahrungen wird möglich, die ihrerseits Bedingung ist für den dritten Schritt: die Reflexion auf die Grundlagen und Voraussetzungen eigener und fremder Einstellungen und Werte. Bei diesem dritten Schritt geht es darum, Meinungen nicht nur zu vertreten, sondern auch zu begründen. Dadurch wird auf dieser Ebene eine kritische Auseinandersetzung mit den Positionen anderer möglich.

Philosophie vollzieht sich im Medium der Vernunft

Sie prüft Geltungsansprüche und befragt Konventionen, Traditionen und Autoritäten auf ihre Glaubwürdigkeit und Tragfähigkeit.

Zentrales Merkmal des sokratischen Paradigmas ist die unbedingte Vernunftorientierung. Philosophie vollzieht sich im Medium der Vernunft als dem Medium, in dem eine intersubjektive Verständigung am ehesten erreichbar ist.

Vernunft heißt zunächst: Orientierung an Gründen, die im Prinzip für jeden verständigen Gesprächspartner einsichtig sind. Zumindest ihrem Anspruch nach zielt Vernunft immer auf die Gemeinsamkeit eines diskursiv erreichten Konsenses und damit auf eine gewisse Absicherung des eigenen Urteils ab.

Auf der anderen Seite ist das Sicheinlassen auf Vernunft aber auch ein Wagnis. Denn Vernunft heißt auch, dass über den „Zwang des guten Arguments" hinaus keine Autorität zugelassen ist und dass weder die Auffassung des Chefs noch die der Mehrheit oder des Zeitgeists schlechthin maßgeblich sein kann. Autoritäten, Konventionen und Traditionen sind vielmehr allererst auf ihre Glaubwürdigkeit und Tragfähigkeit zu prüfen. Philosophische Einsichten sind jedermann zugänglich, der über hinreichende Denkfähigkeit und guten Willen verfügt. Sokratisches Philosophieren ist dadurch ein durch und durch demokratisches Unternehmen. Privilegien aufgrund „höheren" Wissens oder sozialer und hierarchischer Stellung werden nicht anerkannt. Vielmehr gilt jeder als prinzipiell gleichwertiger Gesprächspartner.

LITERATURHINWEISE ZU DEN SOKRATISCHEN GESPRÄCHEN

- Birnbacher, Dieter; Krohn, Dieter: Das sokratische Gespräch. Stuttgart: Reclam 2002
- Heckmann, Gustav: Das Sokratische Gespräch. Frankfurt a.M: dipa-Verlag 1993
- Horster, Detlef: Das Sokratische Gespräch in Theorie und Praxis. Opladen: Leske u. Buderich 1994
- Kessels, Jos: Die Macht der Argumente. Weinheim: Beltz 2001
- Krohn, Dieter; Neißer, Barbara; Walter, Nora: Sokratisches Philosophieren. Schriftenreihe der Philosophisch-Politischen Akademie. Frankfurt a.M: dipa-Verlag 1994-2000
- Raupach-Strey, Gisela: Sokratische Didaktik. Münster: LIT-Verlag 2002

5 WOZU ETHIK? –
MORAL IN DER WIRTSCHAFT,
GEHT DAS ÜBERHAUPT?

Roger Wisniewski

5.1 Was ist eigentlich Ethik?

Ethik boomt, insbesondere die Wirtschafts- und Unternehmensethik. Monatlich erscheint eine Vielzahl von Artikeln und Büchern zum Thema, und auch die Weiterbildungsbranche hat angefangen – von Volkshochschulkursen bis zu hochpreisigen Führungskräfteseminaren – auf diesen Trend zu reagieren.

Diese „Mode" ist sicherlich als Antwort auf die tief greifenden Veränderungen in der Wirtschaft zu sehen. Der einzelne Bürger sieht sich den immer deutlicher werdenden Folgen einer einseitig auf Profit ausgerichteten Unternehmensführung ausgesetzt: Dem Abbau von Sozialleistungen und sinkenden Realeinkommen bei steigenden Unternehmensgewinnen, der wachsenden Umweltzerstörung und einer immer weiter auseinanderklaffenden Schere zwischen Arm und Reich als Folgen der vorherrschenden Wirtschaftspraxis. Die regelmäßigen Skandale wegen Korruption, schwarzer Kassen für Bestechungen, exorbitant angestiegener Vorstandsgehälter, um nur einige zu nennen, tun ihr Übriges, um die Forderung nach Korrekturen der Wirtschaftsordnung zu verstärken.

Insofern könnte der Ruf nach mehr Ethik aus der Sicht eines Philosophen doch zunächst erfreulich sein. Bei kritischer Reflexion muss man sich allerdings über die Leichtfertigkeit wundern, mit der der Begriff „Ethik" vielerorts verwendet wird. Es besteht der begründete Verdacht des ideologischen Missbrauchs des Etiketts Ethik, des Et(h)ikettenschwindels: Nicht überall da, wo „Ethik" draufsteht, ist auch wirklich Ethik drin!

Doch was ist eigentlich Ethik? Und was ist demgegenüber unter Moral zu verstehen? Hier beginnen bereits die Schwierigkeiten – die zuweilen zu der Verlegenheit führen, etwas als „ethisch-moralisch" problematisch oder unbedenklich zu klassifizieren, nach dem Motto: Eines von beiden Adjektiven wird schon das richtige sein.

Eine kurze Erläuterung der begrifflichen Zusammenhänge ist daher unentbehrlich: Der Begriff Ethik ist griechischen Ursprungs. „Ethos" heißt „gewohnter Sitz", „Wohnort" und bezeichnet den Ort, an dem wir uns zuhause fühlen und wo bestimmte Gewohnheiten gelten. Der Begriff Moral hat lateinische Wurzeln (mos, pl. mores) und bezeichnet die guten Sitten, die in einer Gesellschaft gelten. Beide Begriffe benennen ursprünglich also dasselbe, nämlich die Summe der eingelebten, faktisch geltenden Normen, Sitten und Gebräuche; das, was „man" tun bzw. nicht tun sollte.

Nun traten die Philosophen auf den Plan. Sie erkannten, dass das, was für eine „gute" Sitte gehalten wird, nicht immer dieses Prädikat verdient. Sie suchten nach Maßstäben und Kriterien des Urteilens, um sicher entscheiden zu können und damit verfehlte, angeblich „gute" Sitte als solche entlarven zu können.

Dies war die Geburtsstunde der Ethik im heutigen Verständnis des Begriffs: Ethik und Moral stehen dabei zueinander im Verhältnis von Theorie und Praxis. Ethik ist die (philosophische) Theorie, Moral die entsprechend gelebte Praxis. Ethik ist dabei ein Phänomen der Aufklärung, sie ist die kritische Theorie der Moral.

„Warum moralisch handeln?" Man handelt moralisch oder unmoralisch, und wenn man darüber nachdenkt, betreibt man bereits Ethik. Irgendeine ethische Haltung vertritt man immer, denn man handelt ja. Darum macht es keinen Sinn, bestimmte Handlungen als „unethisch" zu bezeichnen. Handlungen können richtig oder falsch, gerecht oder ungerecht, verantwortlich oder verantwortungslos, fair oder unfair usw. sein, aber niemals „unethisch".

Natürlich ist es möglich, dass man als Manager auf ethische Reflexionen verzichtet. Dies sollte man aber gerade nicht tun, wenn man für das eigene Handeln Legitimität reklamiert und Verantwor-

144

tung trägt. Wer zu fundierten Urteilen gelangen und Fehlurteile oder gar Ideologien vermeiden oder aufdecken will, der sollte sich mit Ethik beschäftigen und die Kriterien für sein Handeln erklären können.

5.2 Nicht nur die weltweite Finanz- und Wirtschaftskrise 2008 könnte den Zweiflern Recht geben

„Wir haben den Blick für Ihre Zukunft." Dieser Satz war auf einem großflächigen Plakat über einer jungen Dame im Schaufenster eines namhaften Geldinstituts Mitte Oktober 2008 in Berlin zu lesen. Wessen Zukunft ist gemeint? Welcher Bank können wir noch vertrauen?

Im Oktober 2008, während diese Zeilen zu Papier gebracht werden, bricht so ziemlich alles zusammen, was man sich bisher als Bürger der Bundesrepublik Deutschland und als Zeitgenosse in einer globalisierten Welt an Sicherheiten für die finanzielle Ausgestaltung des Alltäglichen und des Zukünftigen vorstellen konnte. Die Bewältigung der ersten Wirtschaftskrise im neuen Jahrtausend, die nach dem Platzen der new-Economy-Blase die Märkte von 2001 bis 2005 in Atem hielt, der Abbau von fünf auf heute noch drei Millionen Arbeitslose in den letzten drei Jahren, die seitdem prosperierende Wirtschaft – soll das alles jetzt in eine erneute und möglicherweise noch größere Wirtschaftskrise führen, in der wieder Hunderttausende ihren Arbeitsplatz verlieren und zu Hartz-IV-Empfängern werden? In den Medien werden Vergleiche mit dem Beginn der Weltwirtschaftskrise von 1929 gezogen.

Die Entwicklung der letzten Wochen übertrifft alles, was wir im Rahmen der Erörterung des Themas Ethik in der Wirtschaft als negative Beispiele der letzten Jahre hätten anführen können. Geplant war, die Hintergründe und Auswirkungen von Korruption, Steuerhinterziehung und Steuerflucht zu untersuchen; den Fragen nachzugehen, ob und wie soziale und moralische Kompetenzen jungen Menschen vermittelt werden; welche Erfahrungen Mitarbeiter und Mitarbeiterinnen in Unternehmen und Organisationen mit wirtschaftsethischen Fragen machen; ob an Manager und Leistungsträger überhaupt moralische Ansprüche gestellt werden können (laut Klaus Zumwinkel, dem ehemaligem Vorstandsvorsitzenden der Post AG, hat Moral in der Marktwirtschaft keinen Platz; Bild am Sonntag, 01.05.2005) und ob Unternehmensethik ein Marketinginstrument, Feigenblatt oder gelebte Unternehmenskultur sein soll?

Wir sollten uns die Fälle der letzten Jahre, bei denen es um Fragen von Ethik und Moral im wirtschaftlichen und beruflichen Kontext ging, noch einmal in Erinnerung rufen:

- Beginnen wir mit dem schon fast vergessenen Mannesmann-Prozess und seinem ehemaligen Vorstandsvorsitzenden Klaus Esser, der seine Firma im Jahr 2000 nach einer „Übernahmeschlacht" an Vodafone verkaufte und dafür angeblich 50 Millionen DM persönliche Prämie erhielt. Diese war unter anderem vom Vorstandsvorsitzenden der Deutschen Bank AG und damaligen Aufsichtsratchef der Mannesmann AG, Josef Ackermann, und vom damaligen IG-Metall-Gewerkschaftsvorsitzenden, Klaus Zwickel, genehmigt worden. Der Prozess wurde gegen Leistung einer Geldauflage eingestellt. Diese bemaß sich am Einkommen, Esser musste 1,5 Millionen Euro an die Staatskasse und gemeinnützige Organisationen zahlen.
- Erinnern wir uns an die Herren Hartz, Volkert und Gebauer? Peter Hartz, seines Zeichens ehemaliger Personalvorstand der Volkswagen AG, Miterfinder und Namensgeber der Arbeitsmarktreformen Hartz I bis IV, wurde im Januar 2007 wegen Untreue und Begünstigung zu zwei Jahren Haft auf Bewährung und zur Zahlung von 576.000 Euro verurteilt. Es wurde ihm zur Last gelegt, dass er zehn Jahre lang den damaligen Betriebsratsvorsitzenden Klaus Volkert mit jährlich 200.000 Euro geschmiert hatte. Außerdem soll Hartz der Geliebten von Volkert

mehrere Hunderttausend Euro zugeschanzt haben. Er selbst hatte jahrelang an Lustreisen und Partys, die als Firmenveranstaltungen abgerechnet wurden und hauptsächlich Vergnügungen mit brasilianischen Prostituierten zum Inhalt hatten, teilgenommen. Hans-Joachim Gebauer, Bindeglied zwischen Vorstand und Betriebsrat, plante und organisierte die Reisen, die Termine und die Frauen. Er selbst kam dabei auch nicht zu kurz, wie den Gerichtsakten zu entnehmen ist.

- 15.01.08: Aus den Medien erfahren die 2.300 Mitarbeiter des Bochumer Nokia-Werkes, dass es ihr Unternehmen sechs Monate später nicht mehr geben wird. Im Dezember 2007 waren sie noch bei der Weihnachtsfeier von der Unternehmensleitung für ihre gute Arbeit gelobt worden. Ein Vertreter der IG Metall vermutet hinter den Maßnahmen von Nokia blanke Profitgier: *„Das Werk in Bochum soll nicht geschlossen werden, weil es defizitär ist, sondern weil es der Gewinnsucht des Nokia-Managements nicht genügt."*

- Am 14. Februar 2008 wird Klaus Zumwinkel, seit fast 20 Jahren Post-Chef, wegen Steuerhinterziehung verhaftet; außerdem stellt sich heraus, dass er den nach der Entscheidung für einen Post-Mindestlohn gestiegenen Aktienkurs der Post AG genutzt hat, um eigene Aktienoptionen in Höhe von 4,73 Millionen Euro einzulösen und so auf einen Schlag über zwei Millionen Euro zu verdienen. Die Staatsanwaltschaft erhebt Anklage, der Prozess soll im Januar 2009 beginnen.

- Die Daten weiterer Hunderter von Steuersündern, die in Liechtenstein Geld vor dem deutschen Fiskus verborgen haben, werden der Staatsanwaltschaft von einem Informanten auf einem Datenträger zugespielt. Die Betreffenden werden derzeit strafrechtlich verfolgt oder sind bereits verurteilt.

- Der ver.di-Gewerkschaftsvorsitzende Franz Bsirske, Mitglied des Aufsichtsrats der Lufthansa als Arbeitnehmervertreter, fliegt im Juli 2008 – zunächst kostenlos in der First Class – für fünf Wochen in Urlaub, während seine Gewerkschaft zu einem

Streik bei der von ihm genutzten Fluggesellschaft aufruft. Die Flugkosten betragen 21.000 Euro, deren Rückzahlung Herr Bsirske zugesagt hat.

- Ein bundesweit bekannter Düsseldorfer Makler wird im Mai 2008 wegen Schmiergeldzahlungen vom Landgericht Frankfurt/Main rechtskräftig zur Rückzahlung des erzielten Gewinns bei einem Immobiliengeschäft in Höhe von 1,1 Millionen Euro an die Staatskasse und zu einer Geldstrafe in Höhe von 90.000 Euro sowie einer Freiheitsstrafe von einem Jahr auf Bewährung verurteilt. Das Gericht hatte es als erwiesen angesehen, dass der Makler bei einem Immobiliendeal in Frankfurt einem Manager Schmiergeld – dem Vernehmen nach in Millionenhöhe – zahlte. Daraufhin hatte die Maklerfirma den Auftrag zu Vermietung und Verkauf eines siebenundzwanziggeschossigen Büro-Towers in Frankfurt erhalten, so die Berliner Morgenpost am 06.05.08.

- Der Siemens-Konzern muss in der Schwarzgeldaffäre, im üblichen Sprachgebrauch als Korruption bezeichnet, voraussichtlich mehr als drei Milliarden Euro an Anwaltskosten und Strafen zahlen und erwägt, seine ehemaligen Vorstände auf Schadensersatz zu verklagen. Außerdem ist laut Focus der Abbau von etwa 16.750 Arbeitsplätzen geplant, was etwa 1,3 Milliarden an Einsparungen erbringen soll, die gleiche Summe, die nach heutigen Erkenntnissen an Schmiergeldern aus so genannten schwarzen Kassen in aller Welt gezahlt wurde.

- Da nehmen sich die Dopingfälle im Sport und hier insbesondere im Radsport wie Banalitäten aus, wären da nicht die Aussagen der Sportler, die Sponsoren würden durch großen Druck geradezu zum Doping auffordern, wolle man seinen Sport weiter betreiben. Wenn keine vorderen Plätze erreicht werden, würden die Sponsorengelder gestrichen.

Aber nicht nur die Fälle der letzten Jahre können aufgezählt werden. In der Spiegel-Ausgabe 45/2008 ist unter der Überschrift „Affären: Die Spinne" zu lesen, dass einer der größten Baukonzerne

148

Europas mit 66.000 Mitarbeitern in zehn Ländern, der sich selbst als Marktführer im deutschen Verkehrswegebau bezeichnet und auf eine achtzigjährige Tradition zurückblickt, wegen angeblicher Schmiergeldzahlungen und schwarzer Kassen ins Visier der Staatsanwälte geraten ist. Ein ehemaliger leitender Mitarbeiter, der bereits wegen krimineller Geschäftspraktiken während seiner Tätigkeit bei der Strabag verurteilt worden war, packte bei der Staatsanwaltschaft aus. Es geht laut Spiegel um fingierte Rechnungen, manipulierte Bauleistungen, *„… eben all die schmutzigen Tricks, um im heißumkämpften Baumarkt an lukrative Aufträge zu kommen. Und weil in dem Gewerbe die einträglichsten Geschäfte zu machen sind, zählten zu den Geschädigten vermutlich vor allem die Steuerzahler."*

Das alles, obwohl sich laut Spiegel-Artikel die Strabag einen Ethikkodex verordnet hat, der eigentlich das Handeln der Akteure bestimmen sollte und wie folgt lautet: *„Bei allen geschäftlichen Entscheidungen und Handlungen sind die geltenden Gesetze und sonstige maßgebende Bestimmungen im In- und Ausland zu beachten."*

Dieser Passus des Strabag-Ethikkodex findet sich nicht oder nicht mehr auf der Strabag-Homepage, vielmehr gibt es jetzt ein Leitbild und dort ist unter der Zwischenüberschrift „Gesellschaft" zu vernehmen: *„Wir halten uns an das geltende Recht und bekennen uns zu fairem Wettbewerb."* Es wird interessant sein, zu verfolgen, wie die von dem ehemaligen leitenden Mitarbeiter gestandenen Schmiergeldzahlungen und schwarzen Kassen zu diesem selbstverordneten Leitbild passen.

Die Reputation von Managern und Politikern hat großen Schaden genommen: *„Die Deutschen bringen Politikern und Managern das geringste Vertrauen entgegen. Nur jeder zehnte Bundesbürger vertraut den Volksvertretern, wie aus einer Umfrage des Nürnberger Meinungsforschungsinstituts GfK hervorgeht. Auch Manager haben der Umfrage zufolge ein sehr schlechtes Image. Nur 15 Prozent der Befragten äußerten sich wohlwollend über die Unternehmensbosse."* Korruption und Steuerhinterziehung galten in diesem Land lange als Kavaliersdelikt. Jetzt heißt es aus allen politischen Lagern, „die Elite versagt, und die Grundlagen der Sozialen Marktwirtschaft erodieren". (Berliner Morgenpost, 09.08.08)

Und jetzt kommt zu allem, was wir in den letzten Jahren kennen lernen durften, sozusagen als Höhepunkt, der über Bereicherung, Vorteilsnahme, Steuerhinterziehung, Schmiergeldzahlung und Korruption zumindest in seinen Ausmaßen und Auswirkungen weit über das bisher Bekannte und Vorstellbare hinausgeht, das, was als weltweite Finanzkrise bezeichnet wird, in deren weiterem Verlauf eine Weltwirtschaftskrise mit einer Rezession der Realwirtschaft unausweichlich zu sein scheint. Der Finanzmarkt ist in den letzten Jahren zum Treiber der Weltwirtschaft geworden und hat die Wirtschaft der Warenerzeugung und Dienstleistung inzwischen um das Dreifache überholt.

Im Folgenden soll über die Hintergründe und den Verlauf dieser Krise, berichtet werden, soweit bis Ende November 2008 bekannt (Quellen: Spiegel, ARD).

In den 1970er-Jahren waren die USA durch gewaltige Haushaltsdefizite, Firmenpleiten, steigende Arbeitslosenzahlen und den Vietnamkrieg in schweres wirtschaftliches Fahrwasser geraten. Diese Situation verhalf dem Republikaner Ronald Reagan ins Präsidentenamt. Es begann eine Zeit, die gelegentlich als zügelloser Turbokapitalismus bezeichnet wird. Reagan senkte die Staatsausgaben, die Steuern und die Zinsen. Shareholder-Value, Junk Bonds, Zertifikate und Derivate wurden Schlüsselbegriffe einer enthemmten Jagd nach Profiten und Boni. Einzelne Investmentbanker bewegten täglich Milliarden und in den Boomzeiten fühlten sie sich wie die Lenker der Welt.

In den 1990er-Jahren entwickelte sich wegen der niedrigen Zinsen (am 25.06.2003 betrugen die Leitzinsen ein Prozent) in den USA ein Boom ungeahnten Ausmaßes an Häuserbau und Häuserkauf. Die Banken vergaben in großem Stil Hypothekendarlehen an jeden, der sich immer schon ein eigenes Haus gewünscht hatte und verdienten reichlich an der Differenz zwischen dem Geld, das sie von der US-Zentralbank bezogen und den Zinsen, die die neuen Hauseigentümer zu zahlen hatten. Das Problem war nur, und das ist einer der Ausgangspunkte der heutigen Weltfinanzkrise, dass die Politik unter Clinton an die Hypothekenfinanzierer die Devise ausgab, noch freigebiger als bisher mit Immobilienkrediten zu sein.

Jeder, der wollte, erhielt problemlos Hunderttausende Dollar für den Kauf oder Bau eines Eigenheims, egal ob er jemals in der Lage sein würde, Tilgung und Zinsen aufzubringen. Vielen wurde angeboten, 50.000 Dollar mehr als eigentlich für den Hauskauf benötigt wurde, an Kredit aufzunehmen, damit zum neuen Haus auch noch das neue Auto finanziert werden konnte. Ob der Kreditnehmer finanziell in der Lage sein würde, Tilgung und Zinsen zurückzuzahlen, wurde kaum geprüft, selbst mit Arbeitslosen wurden Verträge geschlossen. In der Fachsprache handelte es sich hier um so genannte Ninja-Kredite: No income, no job, no assets.

Das Haus war gekauft, die Bank hatte ein Geschäft gemacht, verdiente an den Zinsen und der Makler erhielt seine attraktive Provision. Alle hatten verdient und waren zufrieden. Hinzu kam, dass die Häuserpreise in den ersten Jahren stetig stiegen. Konnte jemand Zinsen und Tilgung nicht mehr aufbringen, wurde das Haus von der Bank übernommen und konnte, da es ja wertvoller geworden war, mit Gewinn wieder verkauft werden. Folglich ein risikoloses Geschäft. Und da alles so wunderbar lief, kam man auf die Idee, mit diesen Hypotheken Zusatzgeschäfte zu machen. Die Devise war: optimieren und maximieren.

Die Banken begannen auf der Jagd nach Rendite einzelne Hypotheken aufzuteilen, erneut wieder zu bündeln und als Wertpapiere, so genannte Derivate, mit satten Renditen weiterzuverkaufen. Was in den Bündeln verborgen war, was gut oder schlecht war, wusste niemand zu sagen. Es war nicht einmal mehr überprüfbar, es war undurchschaubar geworden, für Laien und für Experten.

Und jetzt passierte das, womit niemand gerechnet hatte und was nicht hätte passieren dürfen: Die amerikanische Notenbank Federal Reserve (FED) erhöhte die Leitzinsen wegen steigender Inflationsgefahr und damit stiegen die variablen Zinsen der Hauskäufer an. Die Zinssätze der Hypothekendarlehen waren bis dato niedrig, aber variabel, d.h., sie konnten sich im Laufe der Zeit auch verändern, nach oben oder nach unten. Da sie bereits sehr niedrig waren, bestand nach unten kein Spielraum, nach oben aber konnten sie steigen, und das geschah in rasantem Tempo ab Mitte 2007. Die Folge waren Zwangsversteigerungen, und da der Immobilienmarkt übersättigt war, fielen die Immobilienpreise. Häuser waren plötzlich nur noch die Hälfte ihres ehemaligen Kaufpreises wert. Hunderttausende ehemals glückliche Eigenheimbesitzer waren pleite.

Derzeit ist völlig unklar, in welchem Umfang und in welcher Qualität die Banken weltweit über faule Hypothekenderivate verfügen. Fast alle haben mitgemacht, sind Teil der Immobilienblase geworden und stehen heute vor dem wirtschaftlichen Kollaps, sofern dieser nicht schon eingetreten ist. Der Gesamtschaden wird aktuell (Stand Ende 2008) auf drei Billionen Euro geschätzt (in Ziffern: 3.000.000.000.000).

Die Schaffung von Regelwerken und staatlicher Aufsicht wurde abgelehnt; die Selbstkontrolle und der Markt würden es schon richten, so der damals viel bewunderte und hochverehrte Chef der FED, Alan Greenspan, der in seiner Amtszeit von 1987 bis 2006 als Weltorakel der Finanzwirtschaft galt.

Der Derivate-Markt stieg seit 2002 von 142 Billionen Dollar auf 596 Billionen Dollar Ende 2007, weil die Investmentbanken weltweit Milliardensummen verschoben, wie das Beispiel der im September 2008 pleitegegangenen Investmentbank Lehman Brothers zeigen sollte. Die Finanzindustrie kreierte immer neue riskante Produkte, deren Umfang die Eigenkapitalquote der Banken bei Weitem überstieg und nicht mehr beherrschbar war; selbst die Börsenhändler verstanden sie nicht. Aber niemand schien sich dafür zu interessieren.

Heute wird gefragt, welche Schuld das Bankmanagement hat, wie es um das Risikomanagement bei den Banken bestellt war, wozu wir eine Bankenaufsicht haben und wie glaubhaft die Arbeit der Ratingagenturen war, die wegen ihrer Ratings, der Bewertung von Kreditwürdigkeit und Bonität, als die heimlichen Herren der Wall Street galten.

Den Eingeweihten in Finanzwelt und Politik waren die Risiken seit vielen Jahren bekannt. Gegenmaßnahmen sind, wie es heute heißt, regelmäßig an Einwänden und Widerständen der USA und Großbritanniens gescheitert. Altbundeskanzler Helmut Schmidt, von dem der Begriff „Raubtierkapitalismus" stammt, forderte bereits 1980 auf dem Weltwirtschaftsgipfel von Venedig, gegen das explosive Wachstum der internationalen Finanzmärkte etwas zu unternehmen und sie aufsichtsrechtlichen Regelungen zu unterwerfen. Damals schon haben Amerikaner und Briten geschwiegen und seitdem hat sich wenig geändert. Es fehlte offensichtlich der gemeinsame politische Wille, eine disziplinierte und stabilitätsorientierte Geldpolitik zu verfolgen.

Banken arbeiten mit geliehenem Geld, da keine Bank über so viel Eigenkapital verfügt, wie sie verleiht oder verliehen hat. Sie wirtschaften mit Geld, das sie von Sparern, von anderen Banken oder Zentralbanken erhalten haben. Die Grundlage des Bankenwesens ist das Verleihen von Geld, dafür sind Zinsen zu zahlen und Sicherheiten zu stellen.

Den Geschäftspartnern und deren Sicherheiten muss man vertrauen können. Und so warb denn auch die Deutsche Bank Mitte der 1990er-Jahre mit dem Slogan: *Vertrauen ist der Anfang von allem*". Wenn eben dies nicht mehr gewährleistet ist, also ein Kreditgeber Zweifel hat, ob er seinen Kredit auch zurückerhält, wird er diesem Gläubiger keinen Kredit mehr geben.

Das ist auch der Grund, weshalb aktuell das Kreditgeschäft der Banken untereinander zum Erliegen gekommen ist. Keine Bank vertraut mehr der anderen, und wie es aussieht, hat das am 17. Oktober 2008 von der Bundesregierung genehmigte so genannte Rettungspaket von 500 Milliarden Euro für die Banken dieses Vertrauen nicht wiederherstellen können.

August 2007: Mit IKB, SachsenLB, WestLB und BayernLB geraten die ersten deutschen Banken wegen Fehlspekulationen am US-Immobilienmarkt ins Trudeln.

September 2007: Kunden stürmen die Schalter der britischen Bank Northern Rock. Die Bank wird vom Staat übernommen.

Oktober 2007: Mehrere große Finanzinstitute melden hohe Verluste.

06. September 2008: Die US-Regierung übernimmt die Kontrolle bei den US-Hypothekenunternehmen Fannie Mae und Freddie Mac.

15. September 2008: Der „schwarze Montag": Die Investitionsbank Lehman Brothers muss Insolvenz anmelden und geht mit 613 Milliarden US-Dollar Verbindlichkeiten in Konkurs, Konkurrent Merrill Lynch wird von der Bank of America aufgekauft. Der Dow Jones erleidet den stärksten Tagesverlust seit den Terrorakten am 11. September 2001.

16. September: Der US-Versicherungsriese AIG gerät durch Milliardenverluste in akute Kapitalnot. Die Weltbörsen setzen ihre Talfahrt fort. Die Notenbanken pumpen weltweit Milliarden Euro und Dollar in den Geldmarkt.

17. September bis Ende Dezember 2008: Die Ereignisse überschlagen sich. Hier die wichtigsten Nachrichten in diesem Zeitraum:

- Die US-Notenbank rettet AIG mit einem Kredit über 85 Milliarden Dollar.

- Die US-Regierung löst durch Ankündigung eines Rettungspakets über 700 Milliarden Dollar für die Finanzbranche ein Kursfeuerwerk an den Börsen weltweit aus.

- USA, Großbritannien und Deutschland verhängen Verbote für so genannte Leerverkäufe, also Wetten auf sinkende Aktienkurse; weitere Länder folgen.

- Goldman Sachs und Morgan Stanley, die letzten verbliebenen US-Investmentbanken, geben ihren Sonderstatus auf und werden gewöhnliche Geschäftsbanken.

- Washington Mutual, die größte Sparkasse der USA, wird Opfer der Finanzkrise und von JPMorgan Chase übernommen.

- Europas größte Bank, HSBC, mit Sitz in London, streicht als erste Bank wegen der Finanzkrise 1.100 Stellen.

- Der niederländische Finanzkonzern Fortis und die deutsche Hypo Real Estate erhalten staatliche Garantien.

- Island steht vor einem Staatsbankrott und stellt das Bankwesen unter staatliche Kontrolle.

- Die EU-Finanzminister beschließen, europaweit für Spareinlagen bis mindestens 50.000 Euro zu garantieren.

- Großbritannien verordnet eine Teilverstaatlichung der größten Banken des Landes und ein Hilfspaket mit einem Gesamtvolumen von 500 Milliarden Pfund.

- Viele internationale Notenbanken senken in einer konzertierten Aktion ihre Leitzinsen (USA 1,5 %, EZB 3,75 %; Stand 23.10.08).

- Die Aktienkurse fallen weiter rasant: Dow Jones von 13.000 (Stand 01.01.08) auf 8.400 (Stand 23.10.08), Dax von 8.000 (Stand 01.01.08) auf 4.400 (Stand 23.10.08).

- Die Bundesregierung verabschiedet ein Banken-Rettungspaket mit einem Volumen von 480 Milliarden Euro, damit bürgt der Staat für Kredite der Banken untereinander. 80 Milliarden werden für Beteiligungen des Staates am Eigenkapital der Kreditinstitute bereitgestellt.

- Die führenden deutschen Wirtschaftsforschungsinstitute senken ihre Wachstumsprognose von 1,4 auf 0,2 Prozent und sehen Deutschland am Rande einer Rezession.

- Ein EU-Gipfel kündigt Hilfen für die Industrie an, in welcher Höhe und Form, bleibt allerdings unklar.

- Als erster Bankmanager räumt Commerzbank-Chef Martin Blessing Versäumnisse der Bankenbranche ein: *„Man hat sich wahrscheinlich nicht mit Ruhm bekleckert."*

- Josef Ackermann, Chef der Deutschen Bank, sieht das anders. Er befand in einem Beitrag in der Bild-Zeitung, ohne die modernen Finanzprodukte wäre die Welt heute ärmer. Im Frühjahr 2005 hatte er noch 25 Prozent Eigenkapitalrendite für seine Bank gefordert, drei Jahre später blickte er laut FAZ vom 26.10.08 *„milde auf jene herab, die ihn einst für einen Anspruch auf 25 Prozent belächelt haben, da man jetzt 45 Prozent erreicht hätte und 25 Prozent eigentlich eine große Enttäuschung wären"*.

- Kurt Viermetz, Aufsichtsratschef der Deutschen Börse AG und Aufseher bei der Hypo Real Estate, tritt als erster Banken-Aufsichtsrat zurück.

- Der Verwaltungsratsvorsitzende der BayernLB und bayrische Finanzminister Erwin Huber kündigt seine Demission aus beiden Ämtern an.

- Seit Anfang 2008 sind bisher 18 Billionen Euro Börsenwert vernichtet worden, alleine vom 08. bis 11.Oktober waren es 5,6 Billionen Euro.

- Der Guardian berichtet am 19.10.08, die Banker der Wall Street würden 2008 für ihre Arbeit 70 Milliarden Dollar an diskreten Prämien und Bonuszahlungen erhalten, das entspricht etwa zehn Prozent des von der amerikanischen Regierung verabschiedeten Rettungspakets.

- Vielleicht waren dies die unangenehmsten Stunden seiner Karriere. Alan Greenspan wurde am 23.10.08 von Abgeordneten des US-Repräsentantenhauses in Washington befragt, wie es zu der Krise kommen konnte, obwohl es doch in den letzten Jahren immer auch Warnungen gegeben hätte und in den Aufsichtsbehörden die besten Köpfe der Finanzwirtschaft sitzen würden? *„Richtig, es hat Warnungen gegeben. Aber wir wissen auch, sta-*

tistisch gesehen, dass jede zweite Warnung falsch ist. Wir waren eben nicht klug genug." Die Abgeordneten zeigten Greenspan ihre Verärgerung darüber, dass er eine falsche Geldpolitik betrieben und durch die Deregulierung der Finanzmärkte die Krise mit heraufbeschworen hätte. Sie hielten ihm vor, dass er den boomenden Hypothekenmarkt und die Verbriefung von Forderungen als positive Entwicklung gelobt hatte und die Gefahren der Überhitzung des Immobilienmarktes als gering eingeschätzt habe. Greenspan wirkte zerknirscht und meinte, er sei „betrübt" über die Entwicklung.

- Die Finanzkrise reißt Schwellenländer in den finanziellen Abgrund: Island, Ungarn, die Ukraine, Pakistan und Argentinien sind vom Staatsbankrott bedroht. Dem Internationalen Währungsfonds stehen aktuell 156 Mrd. Euro Kreditmittel zur Verfügung. Aus diesen Ländern findet eine Kapitalflucht in großem Stil statt. Außerdem wetten die Hedgefonds-Haie laut Spiegel 45/2008 jetzt nicht mehr nur auf den Ruin von Banken oder Versicherungen, sondern auch auf den Zerfall insbesondere osteuropäischer Währungen und somit den Untergang ganzer Staaten.

- 07.11.08: Die Finanzkrise zwingt die Weltkonjunktur nach Schätzung des Internationalen Währungsfonds 2009 in die Rezession. Deutschland wird härter getroffen als bislang angenommen.

- 15.11.08: Die 20 Staats- und Regierungschefs der stärksten Wirtschaftsnationen einigen sich bei einem Treffen in Washington darauf, ein flächendeckendes Überwachungsnetz zu schaffen, um eine Wiederholung der aktuellen Krise in Zukunft zu verhindern: Stärkere Kontrolle der Ratingagenturen und Hedgefonds, Schutz vor Risiken durch Steueroasen. Alle Marktteilnehmer, alle Produkte und alle Märkte sollen zukünftig reguliert und überwacht werden. Bundeskanzlerin Merkel spricht von einem *„Neubeginn in einer sehr, sehr schwierigen Situation".*

- 21.11.08: Bundespräsident Köhler hält auf dem jährlich statt-findenden Bankenkongress in Frankfurt eine später als Banken-schelte bezeichnete Rede und konstatiert, die Banken seien dem Rausch der Renditen erlegen und hätten vielfältige Warnungen in den Wind geschlagen und lieber mitgewettet. Er fordert die Ban-ker auf, wieder Bankiers zu werden, sich auf ihre Tugenden zu besinnen und sich Fragen nach der eigenen Verantwortung zu stellen. Dazu gehörten auch Fragen nach der Kompetenz, nach Vergütungssystemen, nach dem Kurzfrist-Denken und Herdenver-halten. Köhler fragt, ob es richtig sein könne, dass sich eine ganze Branche an Renditen berausche und dadurch blind für die Risiken werde oder diese bewusst ignoriere. Er fordert, das Ban-kenwesen grundlegend zu erneuern, in Zukunft solide kaufmänni-sche Grundregeln zu beachten und sich nicht von der Realwirt-schaft abzukoppeln. Die anschließend veröffentlichten Kommen-tare der Bankmanager, ab jetzt Bankiers, geben ihm recht.
- Nach Köhlers Frankfurter Rede ist neuerdings auch aufseiten der Bankiers von Fehlern die Rede. Fehler werden zugegeben, mehr Transparenz und Aufsicht gefordert und vor allem eine bessere Regulierung gefordert und versprochen.
- 03.12.08: Der Bundesgerichtshof trifft ein Grundsatzurteil zur Steuerhinterziehung. Danach werden die Strafen deutlich verschärft. Wer Millionenbeträge hinterzogen hat, muss künftig mit einer Haftstrafe rechnen, die nur noch in Ausnahmefällen zur Bewährung ausgesetzt werden kann.
- 06.12.08: In den USA ist die dreiundzwanzigste Bank seit Beginn der Finanzkrise zusammengebrochen. In Deutschland wird es für Unternehmen immer schwieriger, von den Banken Kredite zu bekommen, wodurch geplante Investitionen zurück-gestellt werden.
- Am 12.12.08 wird bekannt, dass der Finanzmakler und ehe-malige Chairman der National Association of Securities Dealers

158

(NASD), die in den USA die New Yorker Technologiebörse NASDAQ kontrolliert, Bernard Madoff, wegen Anlagebetrugs im Umfang von 50 Milliarden US-Dollar verhaftet wurde. Unter der Überschrift „Ende der Moral" befindet die „Zeit" am 23.12.: „Jetzt hat die Wall Street endgültig abgewirtschaftet."

- 15.12.08: Der Schmiergeldskandal kostet Siemens eine Milliarde Euro. Darauf einigte sich das Unternehmen mit dem amerikanischen Justizministerium und der US-Börsenaufsicht. Der Siemens-Vorstand und Aufsichtsrat wirkten erleichtert, da sie mit einer Strafe in Höhe von fünf Milliarden gerechnet hatten.
- Ende Dezember/Anfang Januar 2009: Die Börsenkurse steigen wieder. Die neue amerikanische Regierung kündigt ein mehrere Hundert Milliarden schweres Investitionsprogramm an, die Spitzen der Bundesregierung treffen sich, um über ein weiteres Konjunkturpaket und über mögliche Steuersenkungen zu beraten.
- 24.01.09: Politiker und Experten streiten über die beste Bad-Bank-Strategie. Laut Süddeutscher Zeitung liegen in den Kellern der deutschen Banken faule Kredite bis zu einer Höhe von einer Billion Euro.

Die eingangs dieses Kapitels zitierte Werbung der Berliner Sparkasse war harmlos gemessen an dem, wie vor einigen Jahren der größte deutsche Online Broker warb. Damals drehten Kleinanleger noch per Mausklick mit am großen Aktienrad und Angestellte studierten vor ihrem Arbeitsbeginn noch kurz die Aktienkurse, um schnell in vermeintlich noch renditeträchtigere Papiere zu investieren. Die Werbung des größten deutschen Online-Brokers, der sich heute auf seiner Homepage als die führende Direktbank für moderne Anleger bezeichnet, warb laut Deutschlandradio vom 04.01.2000 mit folgendem Text: *„Du musst gnadenlos sein. Friss oder stirb. New York, London, Frankfurt, Tokio, weltweit. Optionen, Futures. Bingo, Jackpot ... "*

Jetzt stehen mit Recht die Banker und insbesondere die Investitionsbanker und deren Führungskräfte als Sündenböcke im Brennpunkt der Kritik. Aber haben nicht alle das weltweite Rennen nach Profitmaximierung goutiert: Bürger, Unternehmer, Arbeitnehmer, Politiker und Gewerkschafter – die Mitte der Gesellschaft?

Wer hat als Angehöriger des Managements in den letzten Jahren nicht mitgezockt und versucht, durch finanzielle Transaktionen sein Einkommen zu optimieren? Die Strategie, mit minimalem Aufwand ein Maximum an Rendite einzustreichen, galt einige Jahre als Königsweg zum schnellen Reichtum. Die Zeche für die nun stattfindenden Rettungsaktionen im Billionen-Euro-Umfang werden die Bürger zu zahlen haben – und das über Generationen. Verluste durch Missmanagement und Habgier Einzelner werden durch Steuergelder ausgeglichen werden. Ist das ungerecht oder ist es unmoralisch oder ist es beides?

Aber kaum ein Schuldeingeständnis ist zu hören, kein Wort des Bedauerns. Die Devise ist: Weitermachen. Der Chefvolkswirt der Deutschen Bank und Geschäftsführer von Deutsche Bank Research, Prof. Norbert Walter, antwortet am 25. November 2008 anlässlich seines Vortrags mit dem Titel „Deutschland 2020 – Ein Land auf Expedition in die Zukunft" im SiemensForum Berlin auf die Frage, wie er die Krise einschätze und wie die Banken wieder das Vertrauen ihrer Kunden und Anleger gewinnen wollen: *„Die Anzahl der Bankhäuser wird geringer werden, und was das Vertrauen betrifft: Wir dürfen nicht viel reden, wir müssen viel arbeiten. Wenn wir wieder gute Leistungen erbringen, reden Dritte darüber und dadurch werden wir wieder Vertrauen gewinnen."*

Anders die Commerzbank: Sie fragt ihre Kunden um Rat, wie es weitergehen soll mit der Zusammenarbeit. Eine clevere Marketingidee, um Vertrauen zurückzugewinnen? Privatkundenvorstand Achim Kassow im Interview der Welt am Sonntag vom 26. Oktober 2008 auf die Frage, ob sich Kunden von ihrem Bankberater über den Tisch gezogen fühlen: *„Diese Meinung gibt es. Die Verunsicherung bezüglich Beratung ist weit größer als nach dem Platzen der Internet-*

Blase. Nach der aktuellen Krise kann die Devise deshalb nicht sein: Alles bleibt beim Alten. Das Verhältnis von Bankmitarbeiter und Kunde muss neu definiert werden." In Anzeigen wirbt die Commerzbank seither für ihren Kundenbeirat, der hoffentlich nicht nur schmückendes Beiwerk wird, sondern den Bankmanagern künftig auf die Finger schaut und darauf achtet, dass deren Arbeit für die Öffentlichkeit transparent wird.

Es hat aber auch Mahner unter den namhaften Wirtschafts- und Unternehmensberatern gegeben, wie zum Beispiel Dr. Fredmund Malik, einer der gefragtesten und meistzitierten Managementprofessoren im deutschsprachigen Raum, der seit 1976 an der Universität St. Gallen Unternehmensführung lehrt. Malik hatte bereits 2004 die USA als das Zentrum bevorstehender Krisen bezeichnet und die *„Gier der Finanzwelt"* und den *„Größenwahn der Manager"* beklagt und sich damit nicht nur Freunde gemacht. Er wies damals bereits auf die strukturellen Schwächen der US-Wirtschaft hin: unter anderem die größte Gesamtverschuldung der Nachkriegsepoche, einen grotesken kreditfinanzierten Konsum, niedrige Ersparnisse, ein erhebliches Außenhandelsdefizit und hohe Auslandsverschuldung, sowie ein monströs geleveragtes Finanzsystem. In Ausgabe 3/04 seines „Berichts zur Wirtschaftslage 2004" weist er bereits auf die Spekulationsblase auf dem US-Immobilienmarkt und die damit verbundene Kreditexpansion hin.

Leverage-Effekt

Maß für das Verhältnis zwischen eingesetztem Eigen- und Fremdkapital. Wird im Zusammenhang mit Investments am ehesten mit „Hebel" übersetzt. Ein „Leveraged Buyout" ist eine größtenteils kreditfinanzierte Übernahme. Die Kredite werden gerne dem übernommenen Unternehmen aufgebürdet, was viele Unternehmen in die Insolvenz treibt, da sie hoch verschuldet sind und die Kredite nicht mehr bedienen können.

Malik plädiert dafür, dass die Banken zur Rechenschaft gezogen und ihre Führungskräfte ohne Abfindungen ausgetauscht werden sollten. Die kurzfristige Ausrichtung der Unternehmen auf Gewinn, auf Corporate Governance und Shareholder-Value sei verantwortlich für die Fehlentwicklungen, die wesentlich zu der aktuellen Misere beigetragen haben.

Malik in einem Interview mit der Stuttgarter Zeitung vom 05.10.08: *„Es geht nur an der Oberfläche um Finanzen. In Wahrheit ist der Tumor eine vollständige Denkverseuchung bei der Unternehmensführung, genauer: die Ideen von Corporate Governance und Shareholder-Value, die vor 15 Jahren aus Amerika importiert wurden. Der Shareholder-Value wurde als oberstes Ziel der Unternehmensführung und als eigentlicher Zweck des Wirtschaftens postuliert. Unternehmen haben plötzlich die Aufgabe bekommen, reiche Aktionäre noch reicher zu machen."*

Um aus der Misere wieder herauszukommen, fordert er richtige Unternehmer und gute Manager. Radikales Umdenken sei erforderlich. Er habe drei Wintermäntel und es würde ihm nichts ausmachen, im kommenden Winter keinen weiteren Mantel zu kaufen. Früher hätten die Menschen einen einzigen Mantel gehabt, weil sie sonst gefroren hätten. Heutzutage könne man auf Konsum verzichten, ohne dass einem etwas fehlen würde – Sokrates lässt grüßen.

5.3 Die Gier nach Profit und Macht

„Aus Habsucht entstehen alle Verbrechen und Übeltaten."
(Cicero, pro sexto Roscio § 75)

Woher kommt die Gier (griech. Pleonexie: auch Habsucht, Unersättlichkeit, Mehr-haben-Wollen-als-der-andere) nach Geld, Reichtum und Macht? Ist sie uns angeboren oder ist sie die zur Leidenschaft gewordene Begierde, immer mehr haben zu wollen, eine Sucht, die mit ihrer Befriedigung immer stärker wird?

wird als das übersteigerte rücksichtslose Streben nach Gewinn, Besitz und Reichtum verstanden und ist eng mit dem Geiz verwandt.

Bereits **Aristoteles** weist in seiner Nikomachischen Ethik auf die Profitgier hin und führt im vierten Buch aus: *„Andere wieder sind übermäßig im Nehmen und nehmen von überallher und alles, wie jene, die niedrige Gewerbe treiben, die Bordellwirte und dergleichen und die Wucherer, die kleine Summen zu hohen Zinsen ausleihen. Alle diese nehmen, wo man nicht soll, und mehr als man soll. Gemeinsam ist ihnen die Geldgier."*

Die **Stoiker** erklärten die Habgier als krankhafte Sucht, und Cicero sah die Habsucht als Ursache für Verbrechen und Übeltaten, ähnlich, wie es auch im Neuen Testament im Timotheus-Brief beschrieben steht.

Kant unterscheidet zwischen Habsucht und Geiz und schreibt in seiner Sitten- und Tugendlehre: *„Ich verstehe hier unter diesem Namen nicht den habsüchtigen Geiz, denn dieser kann auch als bloße Verletzung seiner Pflicht gegen andere betrachtet werden; sondern den kargen Geiz, welcher, wenn er schimpflich ist, Knickerei und Knauserei genannt wird ..."*

Hans Küng, Schweizer Theologe, hat sich zu Habsucht und Gier in „Weltethos für Weltpolitik und Weltwirtschaft" wie folgt geäußert: *„Der Mensch der Gier verliert seine Seele, seine Freiheit, seine Gelassenheit, seinen inneren Frieden und somit das, was ihn zum Menschen macht."*

Einerseits: Im Juni 2007 veröffentlicht das Handelsblatt unter der Überschrift: *„Manager wollen Macht statt Geld"* das Ergebnis einer Umfrage unter 451 bundesrepublikanischen Führungskräften. Das Thema Geld ist der Umfrage zufolge beim Streben nach beruflichem Aufstieg für mehr als zwei Drittel der Befragten nicht ausschlaggebend. Die Motivation, Karriere zu machen, werde weniger von materiellen Gründen als vielmehr vom Streben nach Einfluss bestimmt.

Andererseits: Firmenchefs und angestellte Manager verdienen nicht selten bis zu zweihundert Mal mehr als ihre Mitarbeiter. Sie erhalten, wenn sie mit einem anderen Unternehmen fusionieren, den so genannten „Goldenen Handschlag"; beim Verkauf von Mannesmann an Vodafone sollen das 60 Millionen Euro gewesen sein. Wer es bisher wagte, dies zu kritisieren, wurde des Sozialneids verdächtigt.

Was ist nun richtig, einerseits oder andererseits? Beides, wenn man die Aussagen interpretiert: Die Mehrzahl der Verantwortlichen in der Wirtschaft strebt nach Einfluss und Macht, eine Minderheit nach Einfluss, Macht, Geld und Reichtum.

5.3.1 Wie halten es die Manager mit dem Streben nach Macht und Überlegenheit?

Neben der Macht des Geldes gibt es die Macht der Einflussnahme – Einflussnahme auf Prozesse, Menschen, Umwelt. Manager haben qua Position Macht über ihre Mitarbeiter, sie sind ihnen überlegen. Sie haben, juristisch gesprochen, ein so genanntes Direktions- oder Weisungsrecht, können Anweisungen geben, Mitarbeiter einstellen und entlassen. Macht ist erforderlich, wenn man sich gegen eine andere Macht zur Wehr setzen will, wenn man über sie verfügen oder sich von ihr distanzieren will. Das Streben nach Macht ist dem Menschen innewohnend.

Welches Verhältnis hat der Einzelne in seiner Funktion als Manager zu den Aspekten von Macht und Überlegenheit? Man könnte sagen, das Verhältnis zur Macht sei ambivalent: Viele geben vor, sie zu hassen, aber fast alle streben sie an. Wie ist das zu verstehen? In jeder Bewegung, jedem Gefühl geht es um die Frage, ob wir unserer selbst mächtig sind, ob wir uns beherrschen. Die Erfahrung der Machtlosigkeit oder Ohnmacht ist uns vertraut. Immer, wenn etwas auf etwas anderes einwirkt, wird etwas ge-macht, das eine hat Macht über das andere. Auf das Zusammenwirken von Menschen bezogen: Macht bedeutet, das Handeln anderer zu bestimmen und über diese zu verfügen.

Die mit der Macht verbundenen Gefühle sind uns vertraut: Sie erzeugen Freude, Stolz und Lust, Gefühle des Glücks und überschwänglicher Hochstimmung, die neue Kräfte und Spielräume freimachen können. Macht wird erst über diese Gefühle erfahren und bewusst. Das Streben nach Anerkennung, Bestätigung oder Lob ist auf das Engste mit dem Streben nach Macht verbunden. Neben der Unterwerfung des anderen unter den eigenen Willen, sind Hierarchien oder Rangordnungen und die Abgrenzung nach „oben" und „unten" ausschlaggebend für das individuelle Machtgefühl. Kennt nicht jeder den Versuch der Abgrenzung durch Abwertung anderer, durch die eine Unterscheidung und Distanzierung vorgenommen wird, um das eigene Machtgefühl zu befriedigen?

Für viele Menschen ist der Begriff der Macht negativ besetzt. Hier wird eine Ambivalenz erkennbar: Wir sind auf Macht angewiesen und ihr gleichzeitig, oftmals ohn-mächtig, ausgeliefert. Insbesondere durch Missbrauch hat der Begriff der Macht eine negative Konnotation erfahren.

Macht

Immanuel Kant (1724 – 1804) war der Auffassung, dass Macht korrumpiert, auch wenn diese von Philosophen ausgeht. Er trat für die Macht der Vernunft ein, denn überall, wo sich die Vernunft ausbreite, gebe es keinen Platz mehr für Privilegien. Im Sinne seines kategorischen Imperativs als ethischer Grundmaxime könnte man im Hinblick auf die Macht sagen: *„Übe Macht jederzeit so aus, dass du dem oder den anderen keinen Schaden zufügst."* Nach Kant ist der Wille zum Guten (und nicht zur Macht) allein das, was moralisch gut ist.

Für **Max Weber** (1864 – 1920), einen der Gründerväter der deutschen Soziologie, ist die Macht *„die Chance, innerhalb einer sozialen Beziehung seinen eigenen Willen auch gegen Widerstände durchzuführen, gleichviel, worauf diese Chance beruht".*

Friedrich Nietzsche (1844 – 1890) verstand das Machtstreben als den elementaren Trieb des Menschen. Bedeutender ist nur noch das Streben nach Selbsterhaltung. Für ihn hat der Mensch keine andere Möglichkeit als die, nach Macht zu streben. Er benötigt Macht, um leben zu können; der Grundimpuls ist Wachstum und „Stärker-werden-wollen". Im Aktivieren des Machtgefühls liegt das höchste Ziel des Erlebens. Jedes Wollen als innerer Impuls ist immer auch Wille zur Macht und somit ein Beherrschenwollen des Willens anderer. Zitat: *„Was ist gut? – Alles, was das Gefühl der Macht, den Willen zur Macht, die Macht selbst im Menschen erhöht. Was ist schlecht? – Alles, was aus der Schwäche stammt."*

5.3.2 Exkurs: Gier, Machtstreben und Kompensation aus Sicht der Psychologie

Das negative Streben nach Macht und Überlegenheit erwächst nach Alfred Adler (1870 – 1937) aus dem Minderwertigkeitsgefühl. Adler war Arzt, und einige Jahre Teilnehmer der so genannten Psychoanalytischen Mittwochsgesellschaft, die Sigmund Freud 1902 in Wien ins Leben gerufen hatte. Nach dem Bruch mit Freud gründete Adler eine eigene tiefenpsychologische Schule, die heute Individualpsychologie genannt wird.

Seine Lehre vom Minderwertigkeitsgefühl und Minderwertigkeitskomplex nimmt in der Individualpsychologie einen zentralen Platz ein. Adler geht davon aus, dass das Minderwertigkeitsgefühl Ursache für psychische, psychosomatische und pathologische Störungen sein kann. Eine lang andauernde Kindheitsphase, die Abhängigkeit von den Eltern und die damit verbundenen Ohnmachtsgefühle, das Wissen, sterben zu müssen, aber auch wirtschaftliche Benachteiligungen erzeugen Minderwertigkeitsgefühle. Junge oder Mädchen, die Stellung in der Geschwisterreihe oder die Situation als Einzelkind, der erfahrene Erziehungsstil von liebevoller Zuwendung oder Strenge und Lieblosigkeit, die schwierige oder liebevolle Beziehung der Eltern miteinander und insbesondere traumatische Erfahrungen sind nach Adler entscheidend dafür, ob sich das Gefühl einer positiven Selbsteinschätzung, eines zufriedenen Selbstwertgefühls im Kind entwickeln kann. Seine Theorie ist, wie bei Nietzsche, eine Theorie des Willens zur Macht und kann auf diese zurückgeführt werden, wie überhaupt Adler wesentlich von Nietzsche beeinflusst war. Entwickelt sich das Gefühl der Minderwertigkeit, so ist dieses nach Adler zwangsläufig mit einer Kompensation im Bestreben nach und Demonstrieren von Überlegenheit und Macht verbunden, mit dem Ziel des Oben-sein-Wollens:

„Ist nun das Minderwertigkeitsgefühl besonders drückend, dann besteht die Gefahr, dass das Kind in seiner Angst, für sein zukünftiges Leben zu kurz zu kommen, sich mit dem bloßen Ausgleich nicht zufrieden gibt und zu weit greift (Überkompensation). Das Streben nach Macht und Überlegenheit wird überspitzt und ins Krankhafte gesteigert. (...) Später gesellen sich gewöhnlich noch andere Erscheinungen hinzu, die im Sinne eines sozialen Organismus, wie es die menschliche Gesellschaft sein soll, schon Feindseligkeit bedeuten. Hierher gehören vor allem Eitelkeit, Hochmut und ein Streben nach Überwältigung des anderen um jeden Preis, was sich auch so darstellen kann, dass sie selbst gar nicht mehr höher hinaufstreben, sondern sich damit begnügen, dass der andere sinkt. Dann kommt es ihnen nur mehr auf die Distanz an, auf den größeren Unterschied zwischen ihnen und den anderen. Eine solche Stellungnahme zum Leben ist aber nicht nur für die Umgebung störend, sie wird sich auch dem Träger dieser Erscheinungen selbst unangenehm fühlbar machen, indem sie ihn mit den Schattenseiten des Lebens so sehr erfüllt, dass ihm daraus keine rechte Lebensfreude ersprießt.“ (Menschenkenntnis, 1927)

Adler ging davon aus, dass alles Verhalten eines Menschen durch ein Ziel festgelegt sei: das Ziel der Überlegenheit, der Macht, der

Überwältigung des anderen. Dieses Ziel wirke auf seine Weltanschauung, es beeinflusse seinen Lebensstil und lenke seine Ausdrucksbewegungen. Die Überbetonung des Ichs durch Macht-, Geltungs- oder Überlegenheitsstreben verdirbt nach Adler den Charakter und führt oftmals zu unliebsamen psychischen und somatischen Störungen. Abhilfe kann durch eine Hinwendung zur sozialen Verbundenheit mit den Mitmenschen und dem Entwickeln eines Gemeinschaftsgefühls im Sinne der Solidarität mit den Mitmenschen geschaffen werden.

Hat sich seit Adlers Erkenntnissen Anfang des letzten Jahrhunderts in der Erziehung und der gesellschaftlichen Entwicklung in Bezug auf das Streben nach Macht und Anerkennung, dem „oben" sein wollen, etwas geändert? Auch heute steht für viele Menschen das Ziel, Spitze sein zu wollen, an die Spitze zu kommen, Spitzenpolitiker oder Top-Manager, Top-Model oder Top-Star zu sein, Karriere zu machen sowie das Streben nach Reichtum, schnellen Autos, einem aufwändigen Lebensstil usw. im Vordergrund.

Wie konnte Cicero zu der Auffassung gelangen, dass alle Verbrechen und Übeltaten aus Habsucht entstehen, und wo liegt der Unterschied zwischen Habsucht und Habgier? Zunächst zu letzterem: Während bei der Gier noch eine Assoziation zu ungehemmter Kraft und Freiheit entstehen kann, ist der Sucht bereits das Leid inhärent, so Harald Schultz-Hencke in seinem 1940 erschienenen Lehrbuch der Neo-Psychoanalyse „Der gehemmte Mensch", in dem er sich mit den neurotischen und psychosomatischen Folgen von Besitzstreben, Geltungsstreben und Sexualstreben beschäftigt.

Das Besitzstreben drückt sich im „Haben-wollen" und im „Behalten-wollen" aus. Wenn dem kleinen Kind jeder Wunsch, etwas „haben zu wollen" durch erzieherische Härte verwehrt oder im anderen Extrem verwöhnend erfüllt wurde, empfindet es später keinen Besitzanspruch mehr, es ist gehemmt. Von Zeit zu Zeit bricht jedoch der unbewusst gehemmte Anteil auf und die Betroffenen sind süchtig nach Essen, zeitlicher Souveränität, beruflicher Aktivität, Büchern, Wissen, verfallen in einen Kaufrausch etc.

Je neurotischer ein Mensch ist, umso mehr will er „haben" oder „sein". Schultz-Hencke ist der Auffassung, dass der Habgierige nicht aus Neigung, sondern aus innerer Not handelt. Habgier steht regelmäßig mit Besitzstreben in Verbindung, wird aber durch dieses nicht bestimmt. Das Besitzstreben wird nach Schultz-Hencke dann zur Habgier, *„wenn der Betreffende weder auf dem Gebiet des Geltungsstrebens noch auf dem Gebiet der Sexualität eine für ihn ausreichende Expansion entfalten kann"*.

Das klingt ebenfalls, wie zuvor bei A. Adler, nach Kompensation. Handelt es sich bei der Habgier, dem schnell „Reich-werden-Wollen" und dem Streben nach Besitz um Kompensation von verhindertem Macht- und Geltungsstreben?

Sind Missmanagement und Korruption durch Mängel in der kindlichen Entwicklung des Einzelnen zu entschuldigen und zu relativieren? Die Psychologie analysiert die Gründe und scheint Fehlverhalten zu entschuldigen, wo moralische und ethische Urteile angebracht wären.

Diesem Missverständnis tritt Schultz-Hencke entgegen: *„Die Laster wurden hier als Irrtum, Irrweg entlarvt. Sind sie deshalb vielleicht zu entschuldigen? Gewiss nicht. Sie sind nach ihrer psychologischen Reduktion ebenso belastend für die Mitmenschen, als ob man nichts über ihre Struktur wüsste. Aber wir können nun wohl eher verstehen und glauben, dass sie für ihren Träger eindeutig kein Glück sind (…) Und zwar deshalb, weil er nicht auf Grund geriet, weil er an einem Symptom herumdokterte, statt der dahinter stehenden ,Krankheit' zu Leibe zu gehen."*

Wenn Macht- und Überlegenheitsstreben, Geld- und Habgier ihre Ursache in schlecht kompensierten Minderwertigkeitsgefühlen haben, wären folgende Fragen eine Gelegenheit der Selbstprüfung:
- Was bedeutet mir Macht?
- Wie geht es mir, was empfinde ich, wenn ich mich über- oder unterlegen fühle?
- Wie wichtig sind mir Geld, Luxus, Reichtum?
- Was sind meine persönlichen Kompensationsstrategien?

Kompensation

In der Psychologie: Ausgleich bewusster oder unbewusster Minderwertigkeit oder Unsicherheiten gegenüber gesellschaftlichen, familiären und individuellen Idealen. Eine tatsächliche oder vermeintliche Schwäche wird durch einen erwünschten Charakterzug überbetont, Frustration auf einem Gebiet durch übermäßige Befriedigung auf einem anderen Gebiet aufgewogen. Das Ausbrechen einer psychopathologischen Symptomatik kann eine gewisse Zeit und bis zu einem gewissen Grad unterdrückt (verdrängt) und vermieden werden. Adler war der Meinung, wir kompensieren oder überkompensieren, um Gefühle der Gleichwertigkeit oder Überlegenheitsgefühle zu erlangen. Demnach steht hinter jedem Machtstreben die Kompensation erlebter Unterlegenheit. In seinem Hauptwerk „Über den nervösen Charakter", 1912, schreibt Adler: *„Neurose und Psychose sind Kompensationsversuche, das Minderwertigkeitsgefühl zu überwinden."*

Ausgleichende Kompensation besteht zum Beispiel darin, dass Stotterer zu anerkannten Rednern werden (Demosthenes), Schwerhörige oder Taube große Musiker waren (Ludwig van Beethoven, Smetana), Maler Augenanomalien hatten, oder auch darin, dass Angst durch unangemessenes Verhalten oder einen scharfgemachten Hund unterdrückt werden soll.

Kompensationsphilosophie: Odo Marquard (* 1928), Philosophieprofessor von 1964 bis 1993 in Gießen, geht davon aus, dass das Mängelwesen Mensch seine physischen Mängel, seine konstitutionellen Unzugänglichkeiten, durch die Kultur kompensiert. Er bezeichnet den Menschen als Defektflüchter, der nur durch Kompensation zu existieren vermag und nennt ihn folglich „Homo compensator".

Nach Marquard werden beispielsweise die vom Menschen verursachten Einwirkungen auf die Welt durch Verherrlichung der unberührten Natur als Landschaft und die Entwicklung des ökologischen Bewusstseins, Traditionsverlust und Versachlichung durch zunehmende Beschleunigung des sozialen Wandels, durch die spezifisch moderne Genese des historischen Sinns, also etwa die Geburt des Museums und der Geisteswissenschaften, kompensiert. Kompensation findet in allen Lebensbereichen und auf allen Gebieten statt: Im Rahmen von Kompensationsgeschäften werden Waren gegen Waren und nicht gegen Geld getauscht, die eine Hälfte des Gehirns kompensiert den unfallbedingten Ausfall von Funktionen der anderen Gehirnhälfte etc.

In seinem Vortrag „Überlegungen zur Unternehmensführung im Jahre 2005", gehalten am 07.11.1996 bei einer Podiumsdiskussion im Frankfurter Römer, stellt Marquard die Kompensationstüchtigkeit neben jene Tüchtigkeit, die zur Unternehmensführung schon immer als wichtig erachtet wurde, wie etwa Verantwortungsbereitschaft, Durchsetzungsvermögen, Innovationsfähigkeit und Kommunikations- und Motivationskraft.

Dazu führt er aus: *„Je mehr sie (die Unternehmen) – um konkurrenzfähig zu sein – technisch und ökonomisch mit anderen gleichziehen müssen und damit Uniformisierungen fördern, desto mehr müssen sie – kompensatorisch: im eigenen Unternehmen und seinem Umfeld – zugleich dasjenige kultivieren, was anders ist als alles andere: das Standorteigentümliche, seine besondere kulturelle Attraktivität, seine Einzigartigkeiten beim Produzieren: das, was gerade nicht überall, sondern nur hier gemacht werden kann. Beispiel: Je austauschbarer Mitarbeiter werden, desto wichtiger werden jene Mitarbeiter, die nicht austauschbar sind, z.B. auch als Fermentgruppe, die sich mit diesem besonderen Unternehmen identifiziert und dadurch seine Identität festigt. Das stärkt auch die Bereitschaft der Gesellschaft zur Identifizierung mit der Wirtschaft und zur Resistenz gegen die gängige Wirtschaftsschelte: ,die Wirtschaft' zerstöre das Menschliche zu Gunsten des Profits."* (Philosophie des Stattdessen, Ditzingen, 2000, Reclam)

6 WIRTSCHAFTSETHIK ALS TEIL DER WIRTSCHAFTSPHILOSOPHIE

Roger Wisniewski

Wenn Philosophieren nachdenken heißt, dann hätte Philosophie immer schon den Anspruch erhoben, auch über die Wirtschaft nachzudenken. Allerdings galt es in der Neuzeit bis ins 19. Jahrhundert als intellektuell verpönt, sich mit den Niederungen des Gelderwerbs zu beschäftigen. Eine philosophische Beschäftigung mit der Wirtschaft und ihren ethischen Fragestellungen galt als unwissenschaftlich, obwohl sich bereits Platon und Aristoteles mit den Fragen der Haushaltsführung und der politischen Ökonomie befasst hatten und ihr Einfluss auf das heutige ökonomische Denken als wesentlich angesehen werden kann.

Heute beschäftigt sich Wirtschaftsphilosophie in einem wissenschaftlichen Sinne einerseits mit Wirtschaftsethik und andererseits in der Wissenschaftstheorie mit dem Bereich der Ökonomie.

6.1 Denkweisen wirtschaftlichen Handelns: „bedarfsorientiert" oder „gewinnorientiert"?

Die Akteure am Wirtschaftsprozess sind nicht nur Unternehmen und Konsumenten: keine gesellschaftliche Gruppe kann sich der Ökonomisierung unserer Lebenswelt entziehen.

Als Zweck des wirtschaftlichen Handelns wird nach Max Weber die Befriedigung von Bedürfnissen oder Wünschen im Sinne einer Fürsorge angesehen, die im Ergebnis auf Tausch zielt. Wirtschaftshistoriker wie Sombart und Polanyi entwickelten Anfang des letzten Jahrhunderts die Typologie einer Wirtschaftsgesinnung, die zwischen bedarfs- und gewinnorientierter Ausrichtung unterscheidet.

Die bedarfsorientierte Denkweise ist auf eine Wirtschaftsordnung ausgerichtet, die die Güter zur Erhaltung eines „guten" Lebens bereitstellt, wobei mit gut ein eher bescheidener, aber auskömmlicher Lebensstandard gemeint ist. Die gewinnorientierte Vorstellung entspricht dagegen dem grenzenlosen Begehren des Menschen, einem Gewinnprinzip, dessen Nachfrage und individuelle Nutzenmaximierung (Gewinnmaximierung) kaum befriedigt werden kann. Mit dem geringstmöglichen Einsatz von Mitteln soll dabei der größtmögliche Nutzen erreicht werden. Der wirtschaftlich Handelnde, der „Homo oeconomicus", lässt sich ausschließlich von Effizienz- und Rentabilitätsüberlegungen leiten, er will den Einsatz der Mittel optimieren und versucht, somit klug zu handeln.

Bei aller Klugheit stellt sich die Frage, wie Menschen, die ausschließlich daran interessiert sind, ihren eigenen Nutzen zu maximieren, mit anderen Menschen kooperieren wollen? Wie kann der Homo oeconomicus auf moralisches Handeln verpflichtet werden, da dieses in vielen Fällen im Widerspruch zu seinen Vorstellungen der Gewinnmaximierung steht?

Außerdem: Sind nicht nahezu alle unsere Lebensbereiche ökonomisiert und auf Effizienz, Rentabilität und Gewinnmaximierung ausgerichtet? Nahezu alles kann über „eBay" oder andere Internetportale versteigert und ersteigert, verkauft und gekauft werden, Bildung wird unter Effektivitäts- und Verwertungsinteressen betrieben, die Medien betrachten ihren Informationsauftrag vorwiegend unter Profitabilitäts-Gesichtspunkten, Kunst wird als Kapitalanlage für mögliche Spekulationsgewinne vermarktet und Gesundheit droht eine rein kommerzielle Veranstaltung zu werden, die sich zukünftig nur noch wohlhabende Menschen leisten können.

6.2 Philosophische Ansätze zur Wirtschaftsethik

Was soll ich tun? (Was sollen wir tun?) Um diese berühmte, von Immanuel Kant 1788 in seiner „Kritik der reinen Vernunft" gestellte Frage geht es in der Ethik, nämlich um die Frage, wie ich mich in einer bestimmten Situation verhalten, wie ich handeln soll, was richtig oder falsch ist. Und da jeder Mensch ständig mit diesen Fragen konfrontiert ist, ist er, auch ohne Moralphilosoph zu sein oder sich intensiver mit ethischen Fragen auseinandergesetzt zu haben, in moralischen Angelegenheiten kompetent und verantwortlich.

Ethik, auch als Moralphilosophie bezeichnet, ist eine philosophische Grundlagendisziplin, die sich mit Moral und Moralität beschäftigt – Moralität begründet und legitimiert Moral – und die Kriterien, Normen und Werte für gutes und schlechtes Handeln aufstellt. Sie ist einerseits eine angewandte, normative (wertende) Ethik, die sich mit den verschiedensten Bereichsethiken wie zum Beispiel Sozialethik, Medizinethik, Individualethik, Friedensethik und eben auch Wirtschaftsethik befasst und andererseits eine deskriptive Ethik, die sich mit der in einer Gesellschaft gelebten Moral beschäftigt und diese beschreibt.

Ziel der Ethik ist, dem Menschen Hilfestellung bei seinen sittlich-moralischen Fragestellungen zu geben, wobei die Ethik allgemeine Prinzipien guten Handelns und ethischen Urteilens begründet. Im Einzelfall ist für das ethische Handeln oder Urteilen, neben den ethischen Prinzipien, die praktische Urteilskraft erforderlich, um moralisch richtige Entscheidungen zu treffen.

Metaethik bezieht sich auf die Struktur der ethischen Reflexion und könnte als Theorie der Ethik bezeichnet werden.

Beispiele für ethische und moralische Aussagen

- Metaethische, deskriptive Aussage: *Der kategorische Imperativ von Immanuel Kant gilt für alle vernunftbegabten Wesen und hat Allgemeingültigkeit.*
- Ethische, normative Aussage: *Handle so, dass die Maxime deines Willens jederzeit zugleich als Prinzip einer allgemeinen Gesetzgebung gelten könnte.*

- Metamoralische, deskriptive Aussage: *Einem Christen sind die Zehn Gebote Grundlage seines Handelns.*
- Moralische, normative Aussage: Dem Kollegen für seine Hilfe danken: *Danke für Ihre Unterstützung beim letzten Projekt.* Den neuen Mitarbeiter anleiten: *Seien Sie bitte allen Kunden gegenüber höflich und hilfsbereit.*

In der Ethik und somit auch in der Wirtschaftsethik werden unterschiedliche philosophische Theorien der Moral vertreten. In diesen Theorien wird nicht gesagt, was man tun oder lassen soll, vielmehr wird darüber nachgedacht, welche moralischen Regeln, Prinzipien und Normen sich überhaupt begründen lassen. Bei Aristoteles, der die Ethik in die Welt gesetzt hat, finden wir es so formuliert: *„Wir philosophieren nämlich nicht, um zu erfassen, was Tugend ist, sondern um tugendhafte Menschen zu werden."*

Ein wichtiger wie auch problematischer Aspekt in der Ethikdiskussion ist die von Max Weber vorgeschlagene Unterscheidung zwischen Gesinnungs- und Verantwortungsethik. Gesinnungsethisch urteilt jemand, der Handlungen ohne Rücksicht auf ihre Folgen als moralisch oder unmoralisch bestimmt. Verantwortungsethisch urteilt jemand, der versucht, die Folgen zu berücksichtigen, die ein bestimmtes Handeln auslöst und die Beurteilung dieser Folgen zum Maßstab seiner Entscheidungen macht.

Die gute Absicht steht dem guten Ergebnis gegenüber und macht den Unterschied, den wir bereits bei zwei früheren philosophischen Theorien feststellen können: einer „deontologischen" und der „teleologischen" Moralbegründung.

Die **deontologische Begründung der Ethik** (Deontologie = die Lehre von der Pflicht, das Erforderliche tun) wurde von ihrem bekanntesten Vertreter, Immanuel Kant, in seinem kategorischen Imperativ bestimmt. Die erste Variante aus der „Kritik der praktischen

Vernunft lautet: „*Handle so, dass die Maxime* (subjektive Verhaltensregel) *deines Willens jederzeit zugleich als Prinzip einer allgemeinen Gesetzgebung gelten könne.*"

Danach lassen sich Maßstäbe für gutes und schlechtes Handeln durch verpflichtende Regeln oder Gebote ausdrücken, die ihre unbedingte Einhaltung von jedermann, sofern er ein vernünftiges Wesen ist, verlangen. Kant ging davon aus, dass Menschen von Natur her ein moralisches Pflichtbewusstsein haben und daher moralische Gebote als unbedingtes Sollen und somit als kategorische Imperative gelten – ohne Wenn und Aber. Allein der Wille desjenigen, der sich von seiner „praktischen Vernunft" leiten lässt und sich freigemacht hat von fremden Einflüssen wie den Trieben und Leidenschaften, gesellschaftlichen Gewohnheiten, Gottes Geboten oder von Sympathie und Mitleid, war für Kant ein „guter" Wille. Diese Freiheit des Willens ist für ihn die entscheidende Voraussetzung für einen moralischen Lebenswandel (Grundlegung der Metaphysik der Sitten 1785/86).

Bei der Beantwortung der Frage, ob der kategorische Imperativ als oberstes Moralprinzip und Sittengesetz für wirtschaftliches Handeln praktikabel ist, wäre dann zu berücksichtigen, dass damit moralische Motive mit ökonomischen Motiven, Regeln und Normen noch nicht in Übereinstimmung gebracht worden sind.

Die **teleologische Begründung der Ethik** (Teleologie = Lehre von der Zielorientierung, alles ist auf ein positiv zu bewertendes Ziel hin gerichtet) dient sowohl zur ethischen Rechtfertigung und Beurteilung von Handlungen als auch zur Erklärung und zum Verständnis der Welt. Hier soll der Utilitarismus als eine der teleologischen Theorien, die für die wirtschaftsethische und ökonomische Diskussion relevant sind, kurz erläutert werden.

Der Utilitarismus ist innerhalb der Ethik eine Richtung, die den Zweck des menschlichen Handelns im Nutzen des Einzelnen und/ oder der Gesamtheit verortet. Begründer des Utilitarismus ist Jeremy Bentham (1748 bis 1832). Nach ihm ist Moral die Kunst, menschliche Handlungen so zu regeln, dass möglichst die größte Summe an Glück erreicht werden könne. Das höchste Ziel menschlichen Handelns sei *„das größtmögliche Glück der größtmöglichen Zahl"*. Es ging ihm um die Maximierung des Glücks und die Anzahl derjenigen, die von diesem Glück profitieren können: indem jemand das Wohl der Gemeinschaft fördert, fördert er auch sich selbst. Worin aber besteht das größtmögliche Glück für die größtmögliche Anzahl von Menschen? Was ist denn das höchste Gut? Ist es eine Sache, wie z.B. Geld oder Reichtum; ist es ein körperlicher oder mentaler Zustand, wie Gesundheit oder Gelassenheit, oder ist es eine Tätigkeit, wie z.B. ein Buch zu schreiben oder Klavier zu spielen?

Die Theorie des Utilitarismus als verantwortungsethischer Typus wird beispielsweise in der moralischen Bewertung der sozialen Verantwortung von Unternehmen im Rahmen der Corporate Social Responsibility (CSR) deutlich, bei der es um verantwortliches, nachhaltiges unternehmerisches Handeln im Markt, der Umwelt sowie den Mitarbeitern und Eigentümern gegenüber, geht.

Integrative Wirtschaftsethik: 1987 wurde an der Universität St. Gallen der erste Lehrstuhl für Wirtschaftsethik an einer deutschsprachigen Universität eingerichtet. Peter Ulrich, der dort 1989 das Institut für Wirtschaftsethik gründete, das er bis heute leitet, hat die umfassende und fundierte Konzeption einer integrativen Wirtschaftsethik entwickelt, die heute einer der meistdiskutierten Ansätze im Bereich der Wirtschafts- und Unternehmensethik ist.

Ulrichs Anliegen ist, Ethik und Wirtschaft zu integrieren. Er fordert in seinem 2007 bereits in vierter Auflage erschienenen Hauptwerk aus dem Jahre 1997 „Integrative Wirtschaftsethik. Grundlagen einer lebensdienlichen Ökonomie" den Vorrang ethischer Normen und Regeln gegenüber einem Gewinn- und Erfolgsstreben, da dem vernünftigen Wirtschaften die ethische Dimension abhandengekommen sei. Dies könne dadurch erreicht werden, dass die Interessen aller Personengruppen berücksichtigt werden, die von einem Unternehmen abhängen (Stakeholder-Ansatz).

Ulrich knüpft an die von den Philosophen Karl Otto Apel und Jürgen Habermas vorgelegte Diskursethik an, die moralische Urteile und Normen dialogisch als Ergebnis eines herrschaftsfreien Verständigungsprozesses ausweisen will. Wichtigste Voraussetzung für das Gelingen ist nach Ulrich *„die wechselseitige Anerkennung der Gesprächspartner als mündige, d.h. zu vernünftigem Reden grundsätzlich fähige und vernünftigen Argumenten zugängliche Subjekte".*

Seine integrative Wirtschaftsethik versteht er als eine Vernunftethik des Wirtschaftens, der es im Kern um die Zusammenführung des ethischen Vernunftanspruchs mit dem ökonomischen Rationalitätsanspruch geht. Der Sinn des Wirtschaftens ist nach Ulrich, neben der Sicherung der menschlichen Lebensgrundlagen von Nahrung, Kleidung, medizinischer Versorgung und Wohnung als universalem Recht auf Gewährung des Lebensnotwendigen – also des Existenzminimums – die Erweiterung der menschlichen Lebensfülle, die er in einen engen Zusammenhang mit dem persönlichen Lebensentwurf stellt. Diese Ökonomie der Lebensfülle sei getragen von der Idee, nicht den Markt, sondern den Menschen freizumachen – frei für die menschlichen Dinge des Lebens.

Ulrich kommt bei seinen Untersuchungen zur Rechtfertigung des „Gewinnprinzips" zu dem Ergebnis: *„Strikte Gewinnmaximierung kann prinzipiell keine legitime unternehmerische Handlungsorientierung sein"*, da alle zum Gewinnstreben gegensätzlichen Wertgesichtspunkte bzw. Ansprüche diesem untergeordnet würden. Legitimes Gewinnstreben sei stets moralisch begrenztes Gewinnstreben, da es sich dem Wohl der res publica, des Gemeinwesens, unterzuordnen habe. Erst wenn das unternehmerische Erfolgs- und Gewinnstreben kategorisch der normativen Bedingung der Legitimität untergeordnet würde, sei das wichtigste unternehmensethische Prinzip erreicht.

Erst eine integrative Unternehmensethik, die in ihrer Konzeption zwei Stufen der unternehmerischen Verantwortung beinhaltet, schafft tragfähige Bedingungen lebensdienlichen unternehmerischen Wirtschaftens:

178

Erste Stufe der Verantwortung: Geschäftsethik

Am Anfang steht die Suche nach rentablen Wegen sozialökonomisch sinnvollen und legitimen Wirtschaftens innerhalb ordnungspolitischer Rahmenbedingungen. Die Grundfunktion einer jeden Unternehmung ist demzufolge die Erstellung entgeltlicher Marktleistungen für Abnehmer unter dem Gesichtspunkt der Lebensdienlichkeit, die im Sinne einer integrativen Unternehmensethik entweder einen Beitrag zur Verbesserung der Lebensqualität der Abnehmer von Konsumgütern oder Dienstleistungen leisten oder aber die bessere Erfüllung einer grundlegenden gesellschaftlichen Aufgabe (z.B. der Ernährung, der Bereitstellung von Wohnraum, des Verkehrs, der Gesundheit, der Bildung usw.) – oder im Idealfalle beides.

Zweite Stufe der Verantwortung: Republikanische Unternehmensethik

Gegebene Wettbewerbsbedingungen sind in branchen- und ordnungspolitischer Mitverantwortung kritisch zu hinterfragen. Republikanisch eingestellte Führungskräfte der Wirtschaft schaffen lebensdienliche Werte und begnügen sich nicht mit dem Verweis auf Sachzwänge unter den gegebenen Wettbewerbsbedingungen, sondern begrüßen und initiieren ethisch begründete Reformen der Rahmenordnung.

Nach Ulrich sind umfassende strukturelle und unternehmenskulturelle Voraussetzungen zu entwickeln, damit Reflexion und Argumentation über ethische Gesichtspunkte des unternehmerischen Handelns in jedem Bereich und auf allen Hierarchieebenen zu einem selbstverständlichen Moment des Denkens, Redens und Handelns aller Beteiligten werden können. Er schlägt deshalb ein integratives Ethikprogramm mit folgenden Bausteinen vor:

- Sinngebende unternehmerische Wertschöpfungsaufgaben („Mission Statement")

- Bindende Geschäftsgrundsätze
  („Business Principles")
- Gewährleistete Stakeholderrechte
  („Bill of Stakeholder Rights", Unternehmensverfassung)
- Diskursive Infrastruktur
  („Orte" des offenen unternehmensethischen Diskurses)
- Ethische Kompetenzbildung
  („Ethiktraining" und vorgelebte Verantwortungskultur)
- Ethisch konsistente Führungssysteme
  (Anreiz-, Leistungsbeurteilungs- und Auditingsysteme)

Heute mehr denn je muss sich jede Unternehmung und jede Organisation fragen, ob sie eine „gute" Firma im Sinne der von Ulrich entwickelten integrativen Unternehmensethik sein oder sich als solche entwickeln möchte. Jeder Mitarbeiter und / oder Stellensuchende sollte sich fragen, in welcher Art von Unternehmen er tätig werden möchte.

6.3 Die Entwicklung des ökonomischen Denkens im Westen

ARISTOTELES

Mit Platon (428 bis 348) und Aristoteles (384 bis 322) beginnt das ökonomische Denken. In seiner „Politeia" (Der Staat) hat Platon ein ideales Gemeinwesen entworfen, in welchem aller Besitz allen Bürgern gemeinsam sein sollte. Auch Aristoteles ging es um den idealen Staat, der jedoch die Natur des Menschen nicht vergewaltigen dürfe; die Gesetze müssten vielmehr den natürlichen Anlagen des Menschen entsprechen, hierauf hatte Platon keine Rücksicht genommen. Aristoteles wandte gegen den platonischen Besitzkommunismus ein, wenn allen alles gehöre, fühle sich niemand mehr verantwortlich und das Notwendige bleibe ungetan. In seinem Hauptwerk der politischen Philosophie „Politika", in dem er sich mit der Staatswissenschaft beschäftigt, stellt Aristoteles den Erwerb materieller Güter als notwendig heraus, um eine Hauswirtschaft und ein gutes Leben zu führen. Im Gegensatz zu dieser gewissermaßen natürlichen Erwerbskunst, der Ökonomik, die für den eigenen Haushalt oder den Staat notwendig und von Nutzen ist, steht eine unnatürliche Art der Beschaffung von Gütern: die Chrematistik oder Bereicherungskunst, als Kunst, Reichtum zu erlangen.

Hier ein Auszug aus dem Originaltext der „Politika", in dem sich Aristoteles etwa um 335 v. Chr. mit dem Gelderwerb und der Ökonomie beschäftigt und der heute nicht aktueller sein könnte:

„Nun sei es aber doch ungereimt, dass der Reichtum eine Sache sein sollte, deren Besitz einen nicht davor schütze, Hungers zu sterben, wie es nach der Sage jenem Midas ergangen ist, dem alles, was ihm vorgesetzt wurde, wegen der Unersättlichkeit seiner Wünsche, sich in Gold verwandelte.

Daher postuliert man denn einen Unterschied zwischen Reichtum und Gelderwerb, und zwar mit Recht. Gelderwerb und naturgemäßer Reichtum sind zweierlei. Dieser letztere gehört zur Hauswirtschaft, jener dagegen beruht auf dem Handel und schafft Vermögen rein nur durch Vermögensumsatz. Und dieser Umsatz scheint sich um das Geld zu drehen. Denn das Geld ist des Umsatzes Anfang und Ende.

Daher hat denn auch dieser Reichtum, der aus dieser Art Erwerbskunst fließt, kein Ende und keine Schranke. Denn wie die Heilkunst auf Gesundheit ohne Schranke und jede Kunst auf ihr Ziel ohne Schranke ausgeht – wollen es doch die Künste, soweit es nur möglich ist, verwirklichen –, aber nicht so auf die zum Ziele führenden Mittel –, weil hier überall die Schranke durch das Ziel gezogen ist –, so hat auch diese Erwerbskunst für ihr Ziel keinerlei Schranke; nun ist aber eben ihr Ziel der Reichtum und Erwerb der bewussten Art. Wohl aber hat im Gegensatz zu ihr die Haushaltungskunst eine Schranke, da die Sammlung von Reichtümern nicht ihre Aufgabe ist.

So sollte man denn in diesem Betracht meinen, dass aller Reichtum Schranken haben müsste. Nach Ausweis der Erfahrung geht es indessen tatsächlich umgekehrt, indem alle, die sich mit Erwerb befassen, ihr Geld schrankenlos zu vermehren trachten. Davon liegt der Grund in der Verwandtschaft beider Erwerbskünste. Die Praxis beider geht, da sie sich auf dasselbe Objekt bezieht, ineinander über. Denn es ist der Besitz, der beide Male zur Verwendung kommt, nur nicht nach demselben Gesichtspunkte: vielmehr hat die eine ein anderes Ziel, während das der anderen die Vergrößerung des Besitzes ist. Und so erblicken manche eben hierin die Aufgabe der Hauswirtschaft und versteifen sich darauf, dass sie das vorhandene Kapitalvermögen entweder erhalten oder schrankenlos vermehren müssten.

Der Grund dieser Denkweise aber liegt darin, dass sie leben wollen und sich um ein gutes Leben nicht bekümmern. Und da nun dieses Verlangen keine Schranken hat, so verlangen sie auch nach unbeschränkten Mitteln, um es befriedigen zu können." (Aristoteles, Politik, 1257 b 13 bis 1258 b 2, Felix Meiner Verlag, 1981)

Über die mit grenzenloser Kapitalakkumulation einhergehenden Probleme hat offensichtlich bereits Aristoteles nachgedacht.

Generell beschäftigte man sich in der Antike allerdings nicht so sehr mit den Fragen der Ökonomie. Die Aristokraten und Bürger der Stadtstaaten waren mit Politik, Theater, Sport, Kunst und den aufkommenden Wissenschaften befasst, während den Handwerkern und Tagelöhnern die Mühen der körperlichen Arbeit überlassen wurden.

Zur chrematistischen Auffassung des Aristoteles gehört auch seine Ablehnung des Gelderwerbs aus dem Geld selbst. Geldverleih, um Zinsen einzunehmen, bezeichnet er als *„Wucher … der aus dem Geld selbst den Erwerb zieht"* (Politik 1258 b 5). Interessant ist, dass das Geldverleihen und der Handel mit Geld seit Aristoteles über das Mittelalter bis in die Neuzeit äußerst kritisch und als „wider die Natur" gesehen wurden.

Festzuhalten ist auch, dass es immer schon ein Zinsverbot in verschiedenen Kulturen gegeben hat, wie beispielsweise heute noch im Islam. In der Sharia gilt das Nehmen von Zinsen als Wucher. Aber auch das Alte Testament verbietet den Juden untereinander Zinsen zu nehmen, wie ebenso die katholische Kirche das Zinsverbot postulierte und mit schwerstem Fluch belegte, um es dann 1822 ohne Begründung abzuschaffen.

Während es in den früheren Jahrhunderten immer um die Frage ging, wie die Schatulle des jeweiligen Herrschers durch Abgaben und Steuern gefüllt werden konnte, entwickelten sich im 18. Jahrhundert Theorien einer politischen Ökonomie, die einen wesentlichen Beitrag zur Wohlfahrt der Menschheit leisten wollten.

Adam Smith

Hier ist insbesondere Adam Smith (1723 bis 1790) zu nennen, dessen „System der natürlichen Freiheit des Marktprozesses" bis heute erheblichen Einfluss hat. Er war Professor für Logik, später für Moralphilosophie in Glasgow und gilt als Begründer der klassischen Nationalökonomie, die heute als Volkswirtschaftslehre bezeichnet wird. Seine These ist die des freien nationalen und internationalen Wirtschaftsverkehrs, der nicht nur die Mittel und Kräfte zweckmäßig verteilt, sondern auch die Preise und Gewinne ausgleicht und damit die beste Förderung des Gemeinwohls ist. Er vertritt die Auffassung, dass der Mensch durch die Verfolgung von Eigeninteressen (Selbstinteressen) und dem Streben nach persönlichem Glück dem Gemeinwohl dienen könne, sofern er sich an „ethische Gefühle" hält und nicht unangemessen handelt. Er erkennt das Eigeninteresse als einfaches und naheliegendes Prinzip der natürlichen Freiheit, das dem Menschen angeboren und ethisch positiv zu beurteilen ist, da das Gemeinwohl ebenfalls davon profitieren kann. Ein Zuviel an Eigeninteresse bezeichnet er als Egoismus oder Selbstsucht und ein Zuwenig, das sich in Faulheit oder Leistungsverweigerung zeigt, missbilligt er.

Das Selbstinteresse wurde später vom religiösen und politischen Kollektivismus scharf als Laster attackiert, so lehnt z.B. der Kommunismus das Privateigentum ab. Smith hat die Gefahren eines unangemessenen Eigeninteresses erkannt und, damit dieses nicht zum Laster wird, folgende vier Forderungen aufgestellt, bei deren Beachtung sich das Eigeninteresse mit dem Gemeinwohl deckt:

- Das Mitgefühl und der „unparteiische Beobachter", die helfen, moralische Normen zu finden und zu beachten,
- natürliche Regeln der Ethik, denen man freiwillig zustimmt und folgt,
- positive Gesetze, deren Beachtung einen Staat (mit Zwangsgewalt) voraussetzt,
- evolutorische Konkurrenz oder Rivalität.

Unter Beachtung dieser Forderungen könne auch in unserer Zeit Eigeninteresse zur Tugend werden, welches der Natur des Menschen entspricht, *„wenn freiwillige, aber auch durchsetzbare Regeln der Gerechtigkeit und der evolutorische Wettbewerb diese persönliche ökonomische, politische und kulturelle Entfaltung kontrollieren. Ausmaß und Art des staatlichen Eingriffs in die Freiheit des Einzelnen sind dann davon abhängig, wie effizient der kontrollierende Schutz durch Moral und Markt ist."* (H.K. Recktenwald in „Klassiker des ökonomischen Denkens, Adam Smith", 1989)

Das System der natürlichen Freiheit entspricht, besonders auch in der Ökonomie, in dem von Adam Smith gemeinten Sinne des Eigeninteresses – vielleicht könnte man auch von einem gesunden Egoismus reden – der Natur des Menschen und dem ihm immanenten Streben, sein Leben zu verbessern. Dies gehört zu den zentralen Bedingungen des Menschseins und kann als Triebfeder des Wohlstandes einer Gesellschaft angesehen werden.

Heute würde man im Idealfall von Win-win-Situationen sprechen, in denen alle beteiligten Akteure gewinnen, da es andernfalls mindestens einen Gewinner und einen Verlierer gäbe.

Wenn dieses natürliche System der Freiheit unbeeinflusst operieren kann, wird es nach Smith wie von einer „unsichtbaren Hand" gelenkt. Die Marktteilnehmer können ihre eigenen Interessen verfolgen beziehungsweise erzeugen und vermehren dabei gleichzeitig den Reichtum des Staates.

Der alte Konflikt zwischen der gesellschaftlich geforderten Moral und der die Eigensucht begünstigenden Ökonomie scheint aufgelöst zu sein.

Der Mythos von der „unsichtbaren Hand"

Smith beschäftigt sich im zweiten Kapitel des vierten Buches seines 1776 erschienenen Hauptwerkes „Wohlstand der Nationen", mit den Importbeschränkungen ausländischer Güter, die auch im Inland produziert werden könnten. Er meint, dass der einzelne Kaufmann sein Kapital bevorzugt im Inland einsetzen würde, weil der Außenhandel mit größeren Risiken verbunden sei. Der Beschäftigungseffekt sei dadurch größer, durch das von Gewinn- und Sicherheitsinteresse des Einzelnen bestimmte Handeln vermehre sich auch das Volkseinkommen und somit würden die öffentlichen Interessen gewissermaßen durch eine unsichtbare Hand befördert: *„led by an invisible hand"*.

Diese sich auf den Freihandel beziehenden Überlegungen sind in der Folgezeit unterschiedlich interpretiert worden: Jeder am Wirtschaftsleben Beteiligte solle seine eigenen Interessen verfolgen, eine unsichtbare Hand werde schon dafür sorgen, dass für alle Beteiligten der größte Profit erreicht werde; der Markt reguliere sich durch Angebot und Nachfrage selbst. Diese unsichtbare Hand sorge auch dafür, dass am Markt jederzeit eine Vielzahl von Produkten unterschiedlicher Hersteller vorhanden sei und es somit keiner zentralen Planung bedürfe.

Was aus Smiths Bemerkung jedoch nicht hergeleitet werden kann, ist, dass eine uneingeschränkte Laisser-faire-Marktwirtschaft den größten Nutzen für das Gemeinwohl hervorbringt. Er war vielmehr der Meinung, dass die Eigeninteressen Einzelner dem Gemeinwohl durchaus auch Schaden zufügen können.

In den letzten Jahren haben interessierte Kreise immer wieder behauptet, eine unsichtbare Hand würde die Entwicklung des freien Marktes und der Marktmechanismen in positiver Weise beeinflussen und deshalb „mehr Markt" gefordert nach dem Motto: „Macht keine Geschichten, der Markt wird es schon richten."

Weitere wichtige Personen des ökonomischen Denkens, auch im Zusammenhang mit ethischen Überlegungen:

- **John Stuart Mill** (1806 bis 1873) entwickelte den von Jeremy Bentham und seinem Vater James Mill, der ein Schüler und Freund Benthams war, begründeten Utilitarismus (mit seiner Maxime „Handle so, dass das größtmögliche Maß an Glück für die größtmögliche Zahl von Menschen entsteht") weiter. Er diskutierte bereits die Vereinbarkeit ökonomischer Gesetzmäßigkeiten mit ethisch begründeten Forderungen.
- **Karl Marx** (1818 bis 1883) trat als Kritiker der politischen Ökonomie seiner Zeit in Erscheinung und erzielte eine weltweite Wirkung durch den mit seinem Namen verbundenen Marxismus als Gesellschafts- und Wirtschaftstheorie. Er wandte sich gegen die kapitalistischen Produktionsverhältnisse und befürwortete eine Revolution durch das Proletariat. Im Gegensatz zu Adam Smith war Marx der Auffassung, dass die Nationalökonomie nicht das Glück, sondern das Unglück der Gesellschaft nach sich zieht.
- **John Ruskin** (1819 bis 1900) übte auf die revolutionären Strömungen des 19. Jahrhunderts und die Labour-Bewegung in Großbritannien einen größeren Einfluss aus als Karl Marx. Ruskin sah die Ursachen der Zerstörung von Natur und Mensch im Profitstreben und der sich ausbreitenden Industrialisierung.
- **Joseph Schumpeter** (1883 bis 1950) ging der Frage nach, wodurch das kapitalistische System legitimiert ist und was es bewegt. Im Mittelpunkt stehen der „dynamische Unternehmer", bedingt durch den Wettbewerb und die „schöpferische Zerstörung". Durch die Zerstörung alter Strukturen werden die Produktionsfaktoren immer wieder innovativ verändert. Schumpeter hielt das kapitalistische System nicht für überlebensfähig, 1942 soll er gesagt haben: *„Can capitalism survive? No. I do not think it can."*
- **John Maynard Keynes** (1883 bis 1946), britischer Ökonom, Mathematiker und Politiker, nahm wie kaum ein anderer Ein-

fluss auf die Theorien der Ökonomie und Politik der letzten Jahrzehnte. Seine heute noch bekannteste wirtschaftspolitische Botschaft lautet: Der Staat sei als Verkörperung des Gemeinwohls für die Erreichung von Vollbeschäftigung verantwortlich. Keynes Überzeugung nach hatte der Staat durch seine abwartende Haltung in den Jahren der Weltwirtschaftskrise versagt, deshalb lautete seine Frage, wie ein Scheitern des kapitalistischen Wirtschaftssystems durch staatliches Handeln verhindert oder zumindest abgemildert werden könne. Der Staat müsse eine aktive Rolle übernehmen, ohne die Freiheit und Unabhängigkeit des Einzelnen zu beschränken. Er plädierte bei abnehmender Konjunktur für Beschäftigungs- und Investitionsprogramme, damit ein möglichst hohes Beschäftigungsniveau erreicht werden könne. Einwänden, diese Maßnahmen zeigten nur kurzfristige Wirkung, begegnete er mit dem Satz: *„In the long run we are all dead."* Keynes war Chefunterhändler bei den Verhandlungen in Bretton Woods 1944 und schlug dort als Alternative zum Konzept der Amerikaner, die als vorherrschendes Verrechnungs- und Zahlungsmittel den US-Dollar durchsetzten, eine internationale Zahlungsunion und eine internationale Verrechnungseinheit vor.

- **Walter Eucken** (1891 bis 1950), deutscher Ökonom, Begründer des Ordoliberalismus, trug zur Entwicklung der freien Marktwirtschaft bei. Euckens Überzeugung war, dass die wirtschaftspolitischen Aktivitäten des Staates auf die Gestaltung und nicht auf die Lenkung der Wirtschaft gerichtet sein sollten. Nach Eucken bedeutet eine deregulierte Wirtschaft im Sinne des Laisser-faire-Prinzips eine übermäßige Einflussnahme von Machtgruppen, die im schlimmsten Falle die Wirtschaft und auch die Politik dominieren. Für ihn war die soziale Frage auch die Frage nach der Freiheit des Menschen.

- **Friedrich August von Hayek** (1899 bis 1992) war der wichtigste Vertreter der Österreichischen Schule der Nationalökonomie und des Liberalismus. 1974 erhielt er für seine Arbeiten über

Geld- und Konjunkturpolitik den Nobelpreis für Wirtschaftswissenschaften. Von Hayek war erklärter Gegner des Sozialismus, der einer Marktwirtschaft schon alleine deswegen unterlegen sei, weil einzelne zentralistische Planer nicht über das erforderliche Wissen verfügen könnten. Er hielt staatliche Eingriffe in die Wirtschaft für gefährlich, da diese langfristig zur Abschaffung der Freiheit führen würden und die Ursachen für Wirtschaftskrisen seien. Im Gegensatz zu Keynes war von Hayek gegen staatliche Nachfrageerzeugung, um wirtschaftsbelebende Effekte zu erzielen. Von Hayek erlebte den Zusammenbruch des sozialistisch-kommunistischen Systems 1989 als Bestätigung seiner Theorien.

- **Milton Friedman** (1912 bis 2006) war Ökonomie-Professor an der Universität von Chicago und erhielt 1976 den Nobelpreis für Wirtschaftswissenschaften. In seinem Bestseller „Kapitalismus und Freiheit", 1962, fordert er die Minimierung der Rolle des Staates, insbesondere in der Wirtschaftspolitik. Nur der freie, unbeschränkte Markt könne die sozialen und wirtschaftlichen Probleme einer Gesellschaft lösen. Mit seinen Thesen zu den Vorteilen des freien Marktes und den Nachteilen staatlicher Eingriffe war er für die amerikanischen Konservativen der Vordenker der Präsidenten Nixon und Reagan in den 1970er- und 1980er-Jahren. Als klassischer Vertreter des Liberalismus und damit einer freien Marktwirtschaft ist er gegen staatliche Programme zur Ankurbelung der Wirtschaft, da diese schnell verpuffen würden. Er fordert eine Reduktion der Staatsquote, also des Anteils des Staates an der wirtschaftlichen Gesamtleistung einer Volkswirtschaft sowie die Herabsetzung der staatlichen Fürsorge für Hilfsbedürftige. Im Gegensatz zu Keynes hält er das Streben nach Vollbeschäftigung für ein unerreichbares Ideal und ist vielmehr der Auffassung, dass es immer eine natürliche Arbeitslosenquote geben wird. Seine Theorien bestimmen bis heute die Wirtschaftspolitik der USA.

Freier Markt oder staatliche Einflussnahme?

Liberalisierung: Unter Liberalisierung versteht man das Zurückfahren der Einflussnahme von Staat und Gesellschaft auf die Belange der Wirtschaft, d.h. eine Rücknahme von Regulierungen des Marktes durch Normierungen und Vorschriften.

Zunächst ging es nach dem Zweiten Weltkrieg um den Abbau von Handelsbeschränkungen. Später wurde dann unter der Bezeichnung „Deregulierung" die Privatisierung von staatlichen Unternehmungen betrieben, da man einerseits den staatlichen Verwaltungen auf Bundes-, Landes- oder kommunaler Ebene eine effiziente Führung von Unternehmen und Organisationen nicht zutraute und sich andererseits durch den Verkauf von staatlichen und städtischen Einrichtungen eine Kapitalzufuhr versprach.

Von dieser Liberalisierung erhofft man sich neben einer Effizienzverbesserung eine größere Innovationstätigkeit und damit neue Arbeitsplätze. Beim überwiegenden Teil der Privatisierungen ist allerdings das Gegenteil eingetreten: Statt Arbeitsplätze zu schaffen wurden diese abgebaut, statt durch Effizienzsteigerungen die Preise stabil halten oder gar senken zu können, wurden diese angehoben.

Wo dagegen monopolistische Strukturen aufgebrochen wurden, hat es eine Reihe von sinnvollen Deregulierungen zur Effizienzverbesserung gegeben: Teil-Liberalisierung des Telekommunikationsmarktes, der Paket- und Briefdienstleistungen und des Energiemarktes; wobei sich diese bisher nur im Telekommunikationsmarkt positiv für die Verbraucher bemerkbar gemacht hat.

Der so genannte **Ordoliberalismus** gilt als dritter Weg zwischen Sozialismus bzw. Planwirtschaft und Laisser-faire-Liberalismus. Als deutsche Variante des Neoliberalismus fordert er, dass der Staat für eine marktwirtschaftliche Wirtschaftsordnung steht. Der Staat hat die Aufgabe, einen Ordnungsrahmen für freien Wettbewerb, Vertragsfreiheit, Konjunktur- und Geldwertstabilität, Privateigentum und soziale Gerechtigkeit zu gewährleisten. Der Ordoliberalismus steht dabei nicht nur für eine politisch gesetzte Rahmenordnung, die das Leistungs- und Freiheitsprinzip der Wirtschaft mit dem Ordnungsauftrag und der sozialen Verpflichtung des Staates verbindet, sondern auch dafür, dass der Staat Einfluss auf Konjunkturschwankungen und Geldwertstabilität nehmen und soziale Gerechtigkeit und Chancengleichheit gewährleisten soll. Der Markt ist kein moralfreier Bereich, in dem unethisches Handeln zugelassen werden kann.

6.3.1 Der Markt wird es schon richten?

Immer mehr Menschen zweifeln am Wirtschaftssystem der westlichen Welt. Haben wir es in Deutschland noch mit einer sozialen Marktwirtschaft zu tun, während der Kapitalismus in den Vereinigten Staaten stattfindet? Mit dem Abdanken des Kommunismus zu Beginn der 1990er-Jahre und der einsetzenden Globalisierung veränderte sich auch unser Wirtschaftssystem erheblich. Die Zusammenführung der ehemaligen DDR mit der Bundesrepublik Deutschand hat nach wie vor erhebliche finanzielle Auswirkungen auf unseren Staatshaushalt, und zusätzlich merkt es jeder, der in einem Arbeitsverhältnis steht, immer noch Monat für Monat in Form der Solidaritätszulage.

Mitte der 1990er-Jahre kam die New Economy über uns, die im Zusammenhang mit der digitalen Revolution die Informationsökonomie als globale Wirtschaftsform feierte. Nachdem Investoren erhebliche Beträge eingesetzt hatten, platzte die „Dotcom-Blase", da sich viele Geschäftsmodelle als Luftnummern erwiesen. Geblieben sind das Internet und die webbasierten Dienstleistungen, die auch für die so genannte Old Economy wichtig geworden sind: E-Mail-Kommunikation, Firmen- und Produktpräsentationen auf Internet-Homepages, Onlinebanking und -Nachrichten, Recherchen, Informationsbeschaffung über Enzyklopädien etc. Die weltweiten Finanztransaktionen in Sekundenschnelle verdanken wir ebenfalls den neuen Kommunikationsmedien, sowohl die Vor- als auch die Nachteile; sie haben es Investmentbankern leicht gemacht, ihre dubiosen Angebote zu vermarkten.

Wir haben gesehen, dass die unterschiedlichen Ansätze und Theorien der wichtigsten Experten, die sich mit Ökonomie auseinandergesetzt haben und in den letzten hundert Jahren Einfluss hatten, sehr unterschiedlich bis völlig konträr sind. Der Brite Keynes und andere plädierten für eine aktive Rolle des Staates, während der US-Amerikaner Friedman und andere sich für eine passive Rolle aussprachen.

Die Bundesrepublik hatte sich nach ihrer Gründung unter der CDU-Regierung Konrad Adenauers 1949 für das Wirtschaftsmodell der sozialen Marktwirtschaft entschieden, die im Kern dem Staat die Aufgabe zuschreibt, den Ordnungsrahmen für die Wirtschaft zu gestalten. Sie ist untrennbar mit dem Namen Ludwig Erhard (1897 bis 1977) verbunden, der zunächst Wirtschaftsminister unter Adenauer und dann ab 1963 dessen Nachfolger als Bundeskanzler war. Er galt nicht nur als Vater des Wirtschaftswunders, sondern auch der sozialen Marktwirtschaft und war Anhänger des von Walter Eucken und anderen vertretenen Ordoliberalismus.

Die soziale Marktwirtschaft

Der Wirtschaftswissenschaftler und spätere Staatssekretär Ludwig Erhards im Wirtschaftsministerium, Alfred Müller-Armack, erwähnte den Begriff der sozialen Marktwirtschaft bereits 1947 in einer seiner Veröffentlichungen und verband damit die Vorstellung, dass die Wirtschaft nicht sich selbst überlassen werden könne, sondern eine bewusste, sozial gesteuerte Marktwirtschaft sein solle: *„Die soziale Marktwirtschaft soll das Prinzip der Freiheit auf dem Markt mit dem Prinzip des sozialen Ausgleichs verbinden."*

Das Konzept der sozialen Marktwirtschaft wiederum ist nahezu identisch mit den Ideen des bereits in den 1930er-Jahren entwickelten Neoliberalismus. Sowohl beim Konzept der sozialen Marktwirtschaft wie auch beim Neoliberalismus ging und geht es um ein Werte- und Ordnungssystem, in dem die Wirtschaft dem Menschen zu dienen hat. Der Staat soll keine Aufgaben der Wirtschaft übernehmen, muss aber dort Grenzen durch Regulierungen setzen, wo es zu Wettbewerbsverzerrungen oder Monopolstellungen kommen kann. Hier sind wichtige Stichworte Steuer-, Struktur-, Wettbewerbs- und Arbeitsmarktpolitik, Preisbindung und Privatisierung staatlicher Unternehmungen.

In den letzten Jahren wird unter Neoliberalismus immer mehr eine grenzenlose Marktderegulierung und Intensivierung des Wettbewerbs verstanden, der die Bürger den so genannten wirtschaftlichen Sachzwängen absolut unterwirft.

Im Anschluss an die Weltwirtschaftskrise der 1930er-Jahre und deren verheerenden Auswirkungen traten immer mehr Staaten für eine stärkere Lenkung und Kontrolle der Wirtschaft ein. 1938 traf sich eine international zusammengesetzte Gruppe marktwirtschaftlich orientierter Ökonomen zu einer Konferenz in Paris. Ihre Vorstellungen vom starken Wettbewerb, der niedrige Preise und Produktinnovationen bewirkt, die den Verbrauchern zugute kommen, wurde „Neoliberalismus" genannt.

1947 gründete sich die Gruppe bei einem Treffen in der Schweiz unter Federführung von Friedrich August von Hayek neu. Es nahmen, neben Wilhelm Röpke und Walter Eucken auch Milton Friedman und der Philosoph Karl R. Popper teil. In der Folge wurde die Gruppe „Mont Pelerin Society" genannt, da das zehntägige Treffen an eben diesem Berg am Genfer See stattgefunden hatte. Die Zusammensetzung der Gruppe war hochkarätig, acht Teilnehmer erhielten in den Folgejahren den Wirtschaftsnobelpreis. Ludwig Erhard wurde als Wirtschaftsminister Mitglied der Society. Durch Milton Friedman, der in den Folgejahren in den USA zum Vordenker der Wirtschaftswissenschaften wurde und dessen Credo „Je weniger Staat, desto besser der Markt" war, veränderte sich der Neoliberalismus in seinen Prämissen und bewegte sich in Richtung Laisser-faire-Prinzip. Dies scheint auch einer der Gründe zu sein, weshalb Neoliberalismus heute vielfach als Schimpfwort verwendet und oft mit Turbokapitalismus gleichgesetzt wird.

Turbokapitalismus

Unter dem Begriff Turbokapitalismus wird die immer schnellere Produktion, befeuert von Investitionen auf der Suche nach höchstmöglichen Renditen und immer größeren Belastungen für den Einzelnen, verstanden. Der Markt hat sich im Turbokapitalismus der Fesseln der Politik entledigt.

6.4 Wirtschaftsethik als angewandte Ethik

Im folgenden Kapitel soll versucht werden, mit der von Aristoteles als Tugend bezeichneten Wahl der Mitte zwischen einem Zuviel und einem Zuwenig, den von Professor Peter Bieri gemachten Ausführungen zur moralischen Integrität und einem fiktiven Dialog zwischen einer Politikerin, einem Bankmanager, einem Unternehmer und Sokrates Ende 2008, den Faden zur Wirtschaftsethik als angewandter Ethik nochmals aufzunehmen.

6.4.1 Die Mitte zwischen zwei Extremen – Kompromisse finden

Bereits Aristoteles führt den Begriff der Ethik ein. Ihm geht es um die Frage, wie der Mensch zu Glück gelangen kann. Er kommt zu der Erkenntnis, dass Glück durch die Ausbildung von Tugenden erreichbar ist und diese durch Erziehung und Sozialisierung entwickelt werden. Aristoteles spricht von den Charakter- und den Verstandestugenden, von der Klugheit, die es ermöglicht, in konkreten Entscheidungssituationen, im Hinblick auf ein gutes Leben, richtig zu handeln. Die Klugheit besteht dann darin, im Handeln Maß zu halten, indem man die Mitte zwischen den Extremen wählt. Aristoteles ist damit ein Befürworter des Kompromisses, bei dem ja versucht wird, sich, wenn möglich, in der Mitte zwischen zwei Extremen zu treffen.

Er beschreibt die Natur der Tugend in seiner Nikomachischen Ethik auf folgende Weise:

Wie einer ein tüchtiger Mensch wird, *„wird aber auch durch Folgendes klar, wenn wir betrachten, welches die Natur der Tugend ist. In jedem teilbaren Kontinuum gibt es ein Mehr, ein Weniger und ein Gleiches, und dies sowohl an und für sich wie auch im Bezug auf uns. Das Gleiche ist eine Art Mitte zwischen Übermaß und Mangel. Ich nenne die Mitte einer Sache dasjenige, was denselben Abstand von beiden Enden hat; dieses ist für alle Menschen eines und dasselbe. Die Mitte im Bezug auf uns ist das, was weder Übermaß noch Mangel aufweist; dieses ist nicht eines und für alle Menschen dasselbe. (…) Ich meine dabei die ethische Tugend. Denn sie befasst sich mit den Leidenschaften und Handlungen, und an diesen befinden sich Übermaß, Mangel und Mitte. So kann man mehr oder weniger Angst empfinden oder Mut, Begierde, Zorn, Mitleid und überhaupt Freude und Schmerz, und beides auf eine unrichtige Art, dagegen es zu tun, wann man soll und wobei man es soll und wem gegenüber und wozu und wie, das ist die Mitte und das Beste, und dies kennzeichnet die Tugend. (…) Die Tugend ist also ein Verhalten der Entscheidung, begründet in der Mitte im Bezug auf uns, einer Mitte, die durch Vernunft bestimmt wird und danach, wie sie der Verständige bestimmen würde. Die Mitte liegt aber zwischen zwei Schlechtigkeiten, dem Übermaß und dem Mangel. Während die Schlechtigkeiten in den Leidenschaften und Handlungen hinter dem Gesollten zurückbleiben oder über es hinausgehen, besteht die Tugend darin, die Mitte zu finden und zu wählen. Darum ist die Tugend* *hinsichtlich ihres Wesens und der Bestimmung ihres Was-Seins eine Mitte, nach der Vorzüglichkeit und Vollkommenheit aber das Höchste.*" (Nikomachische Ethik, Zweites Buch, 1106 a 24 ff., dtv, 2000)

Aristoteles verweist darauf, dass nicht jede Handlung und Leidenschaft Raum für eine Mitte hat, da einige schon mit der Schlechtigkeit verbunden sind, wie Schadenfreude, Schamlosigkeit oder Neid und bei den Handlungen Diebstahl, Mord oder auch der Ehebruch.

Hier beispielhaft einige von Aristoteles beschriebene Eigenschaften oder Verhaltensweisen zwischen Mangel und Übermaß:

Eigenschaft / Verhalten	Mangel	Mitte oder Tugend	Übermaß
Furcht und Mut	Feigheit/ Angst	Tapferkeit	Tollkühnheit
Geben und Nehmen	Kleinlichkeit, Geiz	Großzügigkeit, Freigebigkeit	Verschwendung
Ehre und Ehrlosigkeit	Kleinmütigkeit	Großgesinntheit	Eitelkeit
Wahrheit	Ironie (Zweideutigkeit), verstellte Unwissenheit	Wahrhaftigkeit	Unverschämtheit, Prahlerei
Gerechtigkeit und Ungerechtigkeit	Leiden an Unrecht	Gerechtes Handeln	Unrechttun

Zur Gerechtigkeit führt Aristoteles aus: „*So ist denn gesagt, was das Gerechte und das Ungerechte ist. Es ergibt sich daraus, dass das gerechte Handeln die Mitte ist zwischen dem Unrechttun und dem Unrechtleiden. Denn das eine ist ein Zuviel, das andere ein Zuwenig. Die Gerechtigkeit ist also die Mitte, freilich nicht auf dieselbe Art wie die übrigen Tugenden, sondern weil sie die Mitte schafft. Die Ungerechtigkeit dagegen schafft die Extreme.“*

Es gibt folglich drei mögliche Verhaltensweisen; zwei ungeeignete, die aus Mangel oder Übermaß entstehen und eine Tugend, die sich in der Mitte zwischen zwei Schlechtigkeiten befindet. Aristoteles fand es anstrengend, tugendhaft zu sein, da es mühsam ist, zum Beispiel beim Zorn, die Mitte zu treffen: *„Das Wem, wie viel, Wann, Wozu und Wie zu bestimmen ist aber nicht jedermanns Sache und ist nicht leicht. Darum ist das Richtige selten, lobenswert und schön.“*

Tugend

Sokrates ging es nach Xenophon hauptsächlich um zwei Tugenden, nämlich die Gerechtigkeit und die Frömmigkeit, also einerseits um die Beziehung zwischen den Menschen untereinander und andererseits um die Beziehung der Menschen zu den Göttern.

Platons Grundtugenden werden heute noch als Kardinaltugenden bezeichnet, aus denen alle übrigen Tugenden folgen, diese sind: Weisheit (auch Klugheit), Tapferkeit (auch im Sinne von Willenskraft), Besonnenheit (im Sinne von Mäßigung, Maßhalten, Verständigkeit, Selbstbeherrschung) und die Gerechtigkeit als Gesamttugend, die alle anderen Tugenden umfasst. Die christliche Lehre und Philosophie fügte durch den Apostel Paulus drei weitere Tugenden hinzu: Glaube, Liebe und Hoffnung.

Kant lässt in der Neuzeit nur eine Primärtugend gelten, nämlich die des guten Willens, denn wenn dieser fehle, könnten alle anderen Tugenden auch äußerst schädlich und böse sein.

6.4.2 Moralische Integrität, ihr Verlust und die Möglichkeiten der Sanktionierung

Wie ist es um die moralische Integrität, um Schuld und Reue der Manager, Banker, Unternehmer, Gewerkschaftsvertreter und Sportler bestellt, deren Fälle in Kapitel 5 geschildert wurden? Eine Frage, die sich der verwunderte Zeitgenosse stellt, die sich jedoch in erster Linie die handelnden Personen selbst stellen müssten.

Zunächst könnte gefragt werden, wie moralische Integrität verloren gehen kann. Eine Frage, die Prof. Peter Bieri in seinem Proseminar „Einführung in die Philosophie der Moral" im SS 2006 an der FU Berlin, hier in Auszügen wiedergegeben, in folgender Weise untersucht hat:

DEUTUNG IM RAHMEN EXTERNER MORALISCHER AUTORITÄT:

Schuld wird erfahren, weil man sich der moralischen Autorität nicht untergeordnet hat. Was jemand über seine Tat denkt, ist nicht wichtig, wichtig ist alleine, wie sie von der strafenden Autorität gesehen wird. Wird von der externen Autorität verziehen, verschwindet die erlebte Schuld. Reue wird als Unterordnung und als eine mögliche Strafe empfunden.

DEUTUNG IM RAHMEN INTERNER MORALISCHER AUTORITÄT:

Hier können folgende Steigerungsstufen ausgemacht werden:

* Moralische Normen werden als Regeln angesehen, die, ähnlich wie Verkehrsregeln, im Sinne sozialer Klugheit verstanden werden. Die Schuld ist dann ein Regelverstoß, man hat eine Dummheit begangen und nimmt sich vor, Ähnliches beim nächsten Mal zu unterlassen. Man ärgert sich über sich selbst wegen eines Fehlers und schämt sich, wenn überhaupt, wegen Inkompetenz. Reue tritt nur in Form von Ärger auf, nicht als eigenständige Empfindung.

* Moralische Normen werden im Prinzip immer noch im Sinne der sozialen Klugheit gelesen, erhalten aber einen besonderen Status. Wenn gegen sie verstoßen wird, hat man sich als Person disqualifiziert: Ausschluss nicht nur aus einer bestimmten Gruppe, sondern aus der Gemeinschaft der Menschen insgesamt.

Man sagt sich: Das war eine enorme, unverzeihliche Dummheit, die in eine Position umfassender Ohnmacht (z.B. Gefängnisaufenthalt) geführt hat. Empfindung: umfassender Ärger über sich selbst, der nicht zu beschwichtigen ist. Scham: versagt zu haben im Spiel des Umgangs von Personen miteinander, also wegen grundlegender Inkompetenz. Reue als Ärger, aber immer noch keine eigenständige Empfindung.

- Moralische Normen als Ausdruck moralischer Intimität und diese als notwendige Bedingung für Glück. Schuld, nicht nur als Regelverstoß, ist dann die Zerstörung moralischer Intimität. Man sagt sich: Jetzt habe ich die anderen verloren und mit ihnen mein Glück. Empfindung von Trauer und Verzweiflung. Scham: Unter dem Blick der anderen werde ich zu einem Fremden, zu einem, der der moralischen Intimität nicht fähig ist und dem man nur noch wie einem ganz Fremden begegnet, den man bloß noch ausrechnen kann. Reue als eigenständige Empfindung, unauslöschliche Trauer über den selbst verschuldeten Verlust der anderen und das verlorene Glück mit ihnen.

- Ich verliere nicht nur die anderen, sondern auch mich selbst: sofern ich mich gesehen, verstanden und damit geschaffen hatte als jemanden, der in moralischer Intimität mit anderen lebt. Ich sage mir: Ich weiß nicht mehr, wie ich mit mir weiterleben soll (Beispiel: ich habe einen Mord begangen und bin davongelaufen). Empfindung: sich selbst unerträglich werden. Scham: sich selbst fremd werden. Reue als unauslöschliche Trauer über die Kluft, die sich zwischen mir und meinem Selbstbild aufgetan hat.

Jemanden moralisch zu kritisieren und rechtlich zur Verantwortung zu ziehen, indem wir gegen ihn Sanktionen verhängen und ihm absichtlich ein Übel zufügen, setzt zwei Dinge voraus:

- Er muss einen moralischen oder rechtlichen Fehler begangen haben. Er muss wissentlich gegen ein moralisches oder rechtliches Prinzip verstoßen haben.

- Er muss die Freiheit gehabt haben, den moralischen oder rechtlichen Fehler nicht zu begehen.

WELCHE ART VON SANKTIONEN ODER ABSICHTLICH ZUGEFÜGTE ÜBEL SIND GERECHT?

- Abschreckung. „Wir fügen dir ein Übel zu, damit andere abgeschreckt werden." Einwand: So beschrieben, machen wir den Übeltäter zu einem Mittel für einen Zweck, nämlich Personen moralisch zu behandeln, dies verbietet sich aber, denn eine Person ist immer ein Zweck in sich selbst.
- Rationalität. „Du weißt, dass es keine Gemeinschaft ohne Regeln gibt und du hast solche Regeln auch selbst immer in Anspruch genommen. Du weißt auch, dass es ohne Sanktionen keine Regeln gibt. Also musst du nun auch die Sanktionen, wenn sie dich selbst treffen, akzeptieren. Einwand: Wenn man sich vor Augen führt, dass jemand letztlich einfach Pech hatte, als er gegen die Regeln verstieß, muss man an der ganzen Idee der Sanktionen zweifeln. Alle Sanktionen erscheinen dann unfair. Dass wir Fehlverhalten tatsächlich so sanktionieren und vielleicht nicht anders regeln können, ändert nichts an der Unfairness.
- Vergeltung. „Wir müssen das Ungleichgewicht des Leidens, das durch deine Tat entstanden ist, wieder ausgleichen." Einwand: Das ist unverständlich, denn es ändert am ursprünglichen Leiden nichts – und was bedeutet letztlich „Ausgleich"?
- Verteidigung des moralischen Standpunkts. „Wenn wir den moralischen Standpunkt ernst nehmen, müssen wir aus Gründen der gedanklichen und emotionalen Stimmigkeit die Feinde des Standpunkts ächten und zu ihnen sagen: Ihr gehört nicht mehr zu uns! Sonst würden wir diesen Standpunkt nicht weiter ernst nehmen können."

Externe und interne moralische Autorität können durch Verstöße gegen Gesetze oder gesellschaftliche Normen verloren gehen und werden, wenn dies der Fall ist und bemerkt wird, sanktioniert. Wir können in unserem Wollen und Tun auf Dauer nur dann moralisch sein, wenn wir dies wirklich umsetzen möchten, weil wir den moralischen Standpunkt in unserem gegenwärtigen Leben für etwas Wünschenswertes halten.

Anders ausgedrückt: Moralität muss uns als Personen im Kern betreffen, sie muss einen hohen Stellenwert für uns haben. Konsequenz: Die Moral wird in uns begründet, sie wird nicht auf die Vernunft, sondern auf den Willen, Übel zu vermeiden, gegründet. Das bedeutet: Wir bestimmen durch unseren Willen darüber, was moralisch zu tun und zu lassen ist, was zu vermeiden und zu bekämpfen ist. Wenn wir vor diesem Hintergrund unmoralisch handeln, trifft es uns im Kern: Wir geben unser Personsein aus der Hand und laufen Gefahr, nicht mehr zur menschlichen Gemeinschaft zu gehören.

Die Frage „Warum moralisch handeln?" könnte mit einer Gegenfrage beantwortet werden: „Was könnte ein stärkeres Motiv für moralisches Handeln sein als die Einsicht, dass moralisch zu handeln im Interesse und in Übereinstimmung mit unseren Bedürfnissen nach Glück steht?"

6.4.3 Ein fiktives Gespräch im Dezember 2008 zwischen Sokrates und modernen Akteuren über den Wert des Vertrauens

Im Unterschied zu den in Kapitel 4 beschriebenen Sokratischen Gesprächen in Gruppen hier in Anlehnung an Platons Dialog „Laches" ein fiktives Gespräch zwischen Sokrates (S.), einem Bankmanager (B.), einer Politikerin (P.) und einem Unternehmer (U.) über den Wert des Vertrauens, an dem Sokrates im Dezember 2008 teilgenommen haben könnte.

U.: *Oh, Sokrates, woher kommst du denn so spät? Wir haben lange auf dich gewartet heute Morgen. Hast du bereits die aktuellen Nach-*

richten gehört und die Kurse der Börse von gestern gesehen? Wir
sind ratlos und verzweifelt angesichts der dramatischen Lage der
Finanzmärkte und der Wirtschaft.

S.: *Das wundert mich nicht. War euch nicht bekannt, dass die Grund-*
lage allen Wirtschaftens das Vertrauen und die Habgier ein Übel
ist, das in den meisten Fällen den Gierigen selbst, aber auch seine
Umgebung ins Verderben führt?

U.: *Komm, setz dich zu uns und lass uns reden. Obwohl wir alle heute*
noch eine Reihe von Terminen haben und das Tagesgeschäft drängt,
haben wir uns kurzfristig verabredet und bereits, während wir auf
dich warteten, begonnen, die Ursachen für die Entwicklung der
letzten Monate zu untersuchen.

Die Politikerin findet, das Verhalten der Bankmanager sei ein
gewichtiger Grund für die gegenwärtige Krise, und der Bankma-
nager meint, er sei sich keiner Schuld bewusst, der Markt hätte sich
nach Jahren des Booms jetzt in eine andere Richtung entwickelt.
Das sei ein ganz normaler Vorgang und wo keine Schuld vorliege,
müsse auch nicht gesühnt werden.

S.: *Es tut mir leid, wenn ich verspätet bin, und ich freue mich, wenn*
ihr nach so langer Zeit wieder bereit seid, mit mir zu reden. Ich
werde euch dankbar sein, wenn ihr mir zuhören werdet.

Verspätet bin ich deshalb, weil ich einen alten Freund traf, der
mich aufhielt. Er berichtete mir, dass er auf Anraten seines Bank-
beraters einen großen Teil seiner finanziellen Vorsorge für sein Alter
bei einer deutschen Sparkasse in den Fonds einer US-Investment-
bank gegeben habe, der jetzt wohl wertlos geworden sei, da die
betreffende Investmentbank Konkurs angemeldet hat. Mein Freund
befürchtet nun, dass er sämtliche Ersparnisse verloren hat und
verarmen wird.

P.: *Dein Freund hat offensichtlich dem Bankberater vertraut, genau so,*
wie ich und wir alle das getan haben. Ich habe mir auch nicht
vorstellen können, dass Banken das Geld ihrer Sparer in großem
Stil in hochspekulativen, und somit äußerst riskanten amerika-
nischen Hypothekenfonds anlegen würden.

Zweieinhalb Monate nach der Insolvenz von Lehman Brothers wird deutlich, dass die Anleger von den deutschen Partnerbanken dieser Investmentbank keine Entschädigung erwarten können. Die Schadenssumme, so berichtet die Verbraucherzentrale Hamburg im Anschluss an eine Umfrage, betrage alleine in Deutschland fast 700 Millionen Euro. Es soll 40.000 Geschädigte geben, vorwiegend ältere Menschen, deren Durchschnittsalter bei 64 Jahren liegt. Der älteste Betroffene war älter als 90 Jahre; auch er hatte wie 94 Prozent der Befragten nicht gewusst, was Zertifikate sind.

B.: *Das haben alle gemacht, da gibt es nur ganz wenige Ausnahmen weltweit. In den besten Zeiten haben amerikanische Banken auf diese Weise mehr als 25 Prozent Rendite erwirtschaftet. Wenn wir in Deutschland und Europa mithalten wollten, und das mussten wir, um nicht in Bedeutungslosigkeit zu versinken, dann brauchten wir diese Renditen ebenfalls. Das war auch der Grund für meine Vorgabe. Außerdem: Meine Bank hat sich nicht „verzockt". Wir haben rechtzeitig vor einigen Monaten unser Engagement in diesen kritischen Anlagen heruntergefahren. Und waren es nicht auch die Anleger selbst, die hohe Renditen für ihr angelegtes Geld wollten und deshalb in riskante Papiere investiert haben?*

P.: *Aber was ist mit der Vertrauensfrage? Wie können wir das Vertrauen der Bürger, der Anleger wiedergewinnen? Die Börsenkurse stürzen täglich weiter ins Bodenlose. Niemand vertraut mehr den Banken. Es wird von Fällen berichtet, wo Bankmitarbeiter verpflichtet wurden, ihren Kunden aggressiv Anlage- und Versicherungsprodukte zu verkaufen. Es sollen Vorgaben in Banken existiert haben, die besagten, wie viele Fonds und private Rentenversicherungen ein Bankberater monatlich zu verkaufen hat. Die Erfahrung habe gezeigt, dass es am einfachsten war, hochriskante*

Papiere an ältere Kunden zu verkaufen. Bei denen waren die Provisionen für die Bank am höchsten; damit wurden die Umsatz- und Renditevorgaben erfüllt. Wenn der Bankberater diese Vorgaben nicht erreichte, musste er mit Einkommenseinbußen rechnen.

S.: *Was versteht ihr denn unter Vertrauen? Meint ihr Vertrauen in ein System, Vertrauen in ein Unternehmen oder Vertrauen in einzelne Menschen?*

U.: *In jedes von dem, was du aufgeführt hast. Ich habe zum Beispiel auf den Kapitalismus und die freie Marktwirtschaft vertraut. Außerdem vertraue ich meinen Mitarbeitern und setze alles daran, dass unsere Kunden und Lieferanten unserer Firma vertrauen. Banken sind Unternehmen, die mit dem Geld anderer Menschen arbeiten; sie müssen deshalb besonders vertrauenswürdig sein. Außerdem haben sie Verantwortung für die Entwicklung der Volkswirtschaft eines Landes. Ich fürchte, die Banken haben das Vertrauen erst einmal restlos verspielt.*

S.: *Das, was du anführst: Gilt das nicht grundsätzlich für das Zusammenwirken von Menschen in allen Situationen? Trifft es nicht auch für den Mann und die Frau zu, wie sie sich zueinander verhalten, und wie die Mutter mit ihrem Sohn oder ihrer Tochter vom ersten Tag an Vertrauen entwickelt? Wenn uns nun jemand fragte: „Weshalb ist denn das Vertrauen in einen Bankmanager wichtig?" – was würden wir ihm denn antworten?*

U.: *Er sollte sich in erster Linie darauf verstehen, eine Bank langfristig profitabel zu führen, den Mitarbeitern einen sicheren Arbeitsplatz zu ermöglichen, die Geldgeschäfte der Bankkunden ordnungsgemäß abzuwickeln, die Wirtschaft mit Krediten zu versorgen, und einen Beitrag für das Gemeinwohl zu leisten. Wenn das der Fall ist, vertrauen ihm die Aktionäre, die Mitarbeiter, die Kunden und die Bürger.*

S.: *Dem ist zuzustimmen. Aber die Frage, ob man jemandem, der das Ziel hat, höchstmögliche Rendite zu erwirtschaften und deshalb hochspekulative Risiken eingeht, vertrauen kann, bleibt offen. Und ist es nicht das Ziel desjenigen, der den Bankberuf ergreift, sich dem*

Geld zu widmen und so viel wie möglich davon zu erwirtschaften?
Zu meiner Zeit, als die Kunde von der Seele noch eine Tochter der
Philosophie war, war noch nicht bekannt, dass es den Charakterzug
des Habenwollens gibt, der darauf ausgerichtet ist, sich so viel wie
möglich an Macht und an materiellen Gütern anzueignen. Dieser
ist wohl auch die Grundlage der Habgier.

P.:   *Der Bankberuf war einmal ein sehr angesehener und ehrenwerter*
Beruf, und ich denke, das ist er auch heute noch. Viele junge
Menschen strebten früher, gleich nach der Schulausbildung, den
Bankberuf an. Man hat mir aber auch berichtet, dass er an
Ansehen stark verloren hat. Da geht es den Bankern, die früher
noch Bankiers waren, wie den Politikern.

B.:   *Da hätten wir dann etwas Gemeinsames. Ich bin gerne Banker*
geworden und bin es auch heute noch. Geld hat mich immer
interessiert, ohne das geht es nicht. Wie sollte auch sonst erfolgreich
gewirtschaftet werden? Machtbesessen und habgierig war ich nie,
weshalb wird uns das denn unterstellt?

S.:   *Das ist eine gute Frage. Du bist Banker geworden wie Abertausen-*
de vor und mit dir, aber du hast dich offensichtlich nicht geprüft.
Du erwartest, dass sich deine Kunden dir anvertrauen, du ver-
kaufst ihnen deine Produkte und möchtest mit fragwürdigen
Spekulationen den höchstmöglichen Profit dabei erzielen, genauso
wie ein Händler, der seine Nahrungsmittel verkauft, obwohl er
selbst nicht weiß, ob sie gut oder schädlich für den Körper sind.

U.:   *Der Händler verlässt sich eben auf die Deklarationen, die auf den*
Produkten stehen, welche er verkauft. Der Verbraucher vertraut
auf die Stiftung Warentest, die von Zeit zu Zeit die Produkte testet
und dabei in vielen Fällen auch mangelhafte Qualitäten feststellt.
Du, Bankmanager, hast dich auf die Ratingagenturen verlassen, die
jedoch spätestens seit der Enron-Insolvenz 2001 als nicht mehr
vertrauenswürdig angesehen werden konnten, da sie Enron fünf
Tage vor der Insolvenz noch beste Bonität bescheinigt haben. Wie
konnte es sein, dass ihr den Ratingagenturen weiterhin so vor-
behaltlos vertraut habt?

B.: *Unser ganzes Geschäft ist auf Vertrauen aufgebaut. Bereits der
Begriff „Kredit" kommt vom lateinischen „credere", was zu
Deutsch glauben heißt. Der Kreditgeber glaubt, dass der Kredit-
nehmer das geliehene Geld zurückzahlt. Daher ist unser wichtigstes
Anliegen, ein hohes Vertrauen aufzubauen und zu erhalten.
Deshalb gibt es auch die umfangreichen Systeme der Einlagensiche-
rung. Verlieren Einleger, Sparer und Anleger das Vertrauen in die
Bank, ziehen sie ihr Geld ab und die Bank bekommt Liquiditäts-
probleme bis hin zum Kollaps. Wir haben den Ratingagenturen
vertraut, wem hätten wir sonst vertrauen sollen?*

S.: *Verstehe ich dich richtig, dass das Vertrauen das wichtigste Gut
einer Bank ist und wenn Misstrauen entsteht, die Bank in ihrer
Existenz gefährdet ist?*

B.: *Ja, das denke ich.*

S.: *Ist das Vertrauen ein Wert, früher haben wir gesagt, eine Tugend,
wie steht es dann um deine Werte, deine Tugenden? Hast du dich
genau geprüft? Die Menschen haben auf deine Fachkenntnisse und
deine Seriosität und die deiner Mitarbeiter vertraut; sie haben
darauf vertraut, dass du im Rahmen von gemeinsamen Werten und
moralischen Vorstellungen handelst. Du aber hast das Vertrauen
verspielt, wie es scheint.*

B.: *Weshalb sollte ich meine Werte und Tugenden prüfen? Ich habe
studiert, habe meine Erfahrungen in unterschiedlichen Positionen
gemacht. Habe Karriere gemacht, bin seit einigen Jahren Chef
einer der größten und angesehensten Banken. Ich bin ausreichend
geprüft worden.*

S.: *Ja, du bist sicher Experte für Bankgeschäfte, das hast du gelernt und wohl oft schon unter Beweis gestellt, wie man hört. Aber wo hast du gelernt, was es mit dem Vertrauen und dem Misstrauen auf sich hat? Hast du einen tüchtigen Lehrer gehabt? Mir scheint, wir haben uns noch nicht darüber verständigt, worüber wir uns hier beraten. Wenn jemand erwägt, ob einem Pferd Zügel angelegt werden sollen oder nicht, geht es dann bei der Beratung um das Pferd oder geht es um die Zügel?*

P.: *Gewiss um das Pferd.*

S.: *Dann geht es folglich bei unserer Untersuchung um etwas, das mit Werten und Tugenden zu tun hat? Es geht darum herauszufinden, ob einer von uns in der Behandlung der Werte sachverständig und fähig ist, und wer von uns tüchtige Lehrer darin gehabt hat.*

U.: *Sokrates scheint mir in der Tat gut zu sprechen. Wir müssen uns überlegen, ob wir seine Fragen beantworten wollen. Ihr müsst aber wissen, dass, wer einmal mit dem Sokrates auch nur sozusagen im Gespräch verwandt geworden und auf eine Unterredung mit ihm eingegangen ist, von ihm so lange im Gespräch herumgeführt und nicht in Ruhe gelassen wird, bis er in die Falle gegangen ist, wo er dann über sich selbst Rede stehen muss, wie er jetzt lebe und wie er sein vergangenes Leben zugebracht habe, und dass ihn, wenn er einmal hineingegangen ist, Sokrates nicht eher loslässt, bis er das alles recht gründlich auf die Probe gestellt hat. Mir macht es Freude, mich mit dem Manne einzulassen und ich halte es gar nicht für schlimm, sich so an die Fehler, welche man gemacht hat oder noch macht, erinnern zu lassen. Ich glaube vielmehr, dass derjenige für sein künftiges Leben notwendig klüger werden muss, der sich dem nicht entzieht, sondern Neigung und Willen hat zu lernen, solange er lebt, und sich nicht einbildet, dass der Verstand mit dem Alter schon von selbst komme. Mir ist es weder ungeübt noch aber auch unbeliebt, mich von Sokrates auf die Probe stellen zu lassen; vielmehr habe ich es eigentlich schon längst gewusst, dass, wenn Sokrates dabei ist, die Rede von uns selbst sein würde.*

(hier teilweise Originaltext aus Platons „Laches")

S.: *Ich danke dir für dein Vertrauen, Unternehmer. Dann können wir ja mit der Beratung darüber beginnen, wie es gelingen kann, die Tugend des Vertrauens zu erreichen.*

P.: *Ja, lasst uns endlich beginnen. Die Zeit ist bereits fortgeschritten.*

U.: *Wir haben ja schon begonnen, und die Untersuchung wird sicher geraume Zeit in Anspruch nehmen. Wenn ich es richtig verstehe, braucht das seine Zeit; Philosophie geht langsam.*

S.: *Als Erstes sollten wir uns die Frage stellen, was die Tugend sei? Denn wenn wir ja so ganz und gar nicht wüssten, was die Tugend eigentlich sei, wie könnten wir mit irgendjemanden darüber beraten, auf welchem Weg er sie am besten erlangen könne?*

P.: *Wohl nicht, wie mir scheint, Sokrates.*

S.: *Wir behaupten also zu wissen, was sie sei?*

P.: *Das behaupten wir freilich.*

S.: *Und nicht wahr, was wir wissen, davon können wir doch auch aussprechen, was es ist?*

P.: *Wie sollten wir nicht?*

S.: *Sofort, meine Beste, wollen wir doch nicht sogleich von der ganzen Tugend handeln – denn das möchte leicht eine allzu große Aufgabe sein –, sondern lasst uns zuvörderst von einem Teil von ihr sehen, ob es zum Wissen davon reicht; augenscheinlich wird uns so die Untersuchung sehr erleichtert werden.*

P.: *Wir wollen es so machen, Sokrates, wie du es wünschst.*

S.: *Welchen unter den Teilen der Tugend wollen wir auswählen? Offenbar doch denjenigen, bei dem es um das Vertrauen geht, da es die wichtigste Grundlage für die Arbeit einer Bank ist.*

P.: *Genau darum geht es.*

S.: *Demnach müssen wir also zuerst versuchen auszusprechen, was Vertrauen sei. Danach haben wir dann zu untersuchen, auf welche Weise wir in den Besitz von Vertrauen kommen können. Wohlan, versuche es einmal auszusprechen, was Vertrauen ist!*

P.: *Das auszusprechen, Sokrates, ist nicht schwierig. Die Bürger vertrauen mir, weil ich mich bemüht habe, das vor der Wahl Zugesagte auch nach der Wahl einzuhalten.*

S.: *Gut gesagt, Politikerin; indes bin ich wohl selbst schuld, weil ich mich nicht deutlich genug ausgedrückt habe, dass du nicht das, was ich fragen wollte, sondern etwas anderes beantwortet hast.*

P.: *Wie meinst du das, Sokrates?*

S.: *Ich will es dir erklären, wenn ich's vermag. Vertrauenswürdig ist allerdings der, der das, was er verspricht, auch hält.*

P.: *Das behaupte ich allerdings.*

S.: *Gewiss auch ich. Aber auf der anderen Seite, was ist nun mit demjenigen, welcher zusagt, gute Arbeit zu leisten, gute Qualität zu liefern, ein geborgtes Buch zurückzugeben, einen verabredeten Termin einzuhalten oder eine Rechnung pünktlich zu begleichen? Nicht nur wollte ich erkunden, wie du als Politikerin das Vertrauen der Bürger erwirbst, sondern auch, wie es diejenigen erreichen können, die in ihren jeweiligen Berufen oder Verhältnissen anzutreffen sind. Denn überall brauchen Menschen, ob im Beruf oder in ihrem sonstigen Umfeld, das Vertrauen der Mitmenschen.*

P.: *Ganz gewiss, Sokrates.*

S.: *Nicht wahr, Vertrauen ist eine der wichtigsten Grundlagen des menschlichen Miteinanders?*

P.: *Allerdings.*

S.: *Meinst du nun nicht, wir sollten auch den Unternehmer an unserem Gespräch beteiligen, ob er wohl weitere Gedanken beisteuern kann?*

P.: *Ich habe nichts dagegen, warum auch nicht?*

S.: *Wohlan denn, Unternehmer, sprich du einmal, was du glaubst, was das Vertrauen sei!*

U.: *Nun ja, es will mir scheinen, dass ihr den Begriff des Vertrauens nicht recht bestimmt. Denn ihr macht von dem, was ich dich früher schon richtig sagen hörte, keine Anwendung.*

S.: *Was meinst du damit?*

U.: *Ich habe dich schon wiederholt sagen hören, jeder von uns sei darin tugendhaft, worin er weise sei, darin aber schlecht, worin er unwissend sei. Das würde bedeuten, dass der, dem ich vertrauen kann, tugendhaft ist und damit offenbar auch weise.*

B.: *Das habe ich noch nicht verstanden, was meint er?*

S.: *Nun, ich glaube zu verstehen; er meint, Vertrauen sei eine Art Wissen oder Weisheit.*·

B.: *Was für eine Art Weisheit, Sokrates?*

S.: *Willst du ihn darüber nicht selbst fragen?*

B.: *Also Unternehmer, was für eine Weisheit soll das Vertrauen sein?*

U.: *Keine andere als das Wissen darüber, dass man das, was man zusagt, auch in der Zukunft halten muss.*

B.: *Das finde ich sehr seltsam, was er sagt, Sokrates!*

S.: *In welcher Hinsicht meinst du das, Bankmanager?*

B.: *In welcher Hinsicht? Vertrauen ist doch etwas anderes als Weisheit.*

S.: *Das eben meint der Unternehmer nicht.*

B.: *Aber das ist doch reines Gefasel.*

S.: *So lass uns ihn belehren, aber nicht schmähen.*

U.: *Nicht so, Sokrates; sondern ich glaube, der Bankmanager wünscht nur, dass auch ich mich als ein Mann ausweise, der nichts zu sagen weiß, weil er eben selbst sich als einen solchen ausgewiesen hat.*

S.: *Sage uns denn, Unternehmer: Du behauptest, Vertrauen sei das Wissen darüber, was glaubwürdig und unglaubwürdig, was zuverlässig und was unzuverlässig ist.*

U.: *Genau.*

S.: *Wir haben bei den Anfängen unserer Besprechung das Vertrauen, die Vertrauenswürdigkeit, als einen Teil der Tugend und der Werte betrachtet. Meinst du nun auch dieselben Tugenden wie ich? Ich nenne nämlich neben der Vertrauenswürdigkeit noch den Mut, die Besonnenheit, die Gerechtigkeit und anderes dergleichen. Du nicht auch?*

U.: *Allerdings.*

S.: *Dann lass uns noch einen weiteren Punkt untersuchen, ob du darüber mit uns gleiche Ansichten hast.*

U.: *Und der wäre?*

S.: *Ich will ihn darlegen. Der Bankmanager und ich sind nämlich der Meinung, dass die Wissenschaft, was für Gegenstände sie auch habe, sich auf das Gewesene, das Aktuelle und das Zukünftige begreift.*

Und nun, mein Bester, Vertrauen und Misstrauen sind also das Wissen um das Glaubwürdige und das Unglaubwürdige. Nicht wahr?

U.: *Ja.*

S.: *Über das Vertrauen und das Misstrauen aber sind wir dahin einverstanden, dass sich das eine auf das zukünftige Gute, das andere das zukünftige Übel richtet.*

U.: *Allerdings.*

S.: *Du Bankmanager, was sagst du denn jetzt zu der Frage, was Vertrauen ist? Du müsstest es doch wissen, denn für dich ist doch Vertrauen die Grundlage deiner Arbeit. Wir werden dich nicht loslassen, bis du es gesagt hast.*

B.: *Ihr habt mich verwirrt. Ich habe gedacht, ich wüsste, was Vertrauen ist und welchen Schaden Misstrauen anrichten kann. Ich muss darüber nachdenken und möchte zu einem späteren Zeitpunkt darauf zurückkommen und mit euch das Gespräch weiterführen. Es ist Zeit, dass ich gehe.*

Der Bankmanager stellt erste Reflexionen über Vertrauen und Misstrauen an. Damit hat Sokrates sein Ziel erreicht; es ist ihm gelungen, ihn zu verwirren. Sein Ziel war immer, die Überzeugungen und Vorurteile seiner Gesprächspartner zu erschüttern, sie in die Aporie („Weglosigkeit") zu führen, um dadurch die Bereitschaft zur Suche nach neuen Erkenntnissen zu fördern.

Der Dialog soll den typischen Verlauf eines Gesprächs mit Sokrates, versetzt in das Jahr 2008, zeigen und beinhaltet die Aufforderung, sich weiter mit den Fragen: *„Was ist Vertrauen? – Wie kann verloren gegangenes Vertrauen zurückgewonnen werden?"* zu beschäftigen.

Ergebnis könnte dann die Erkenntnis sein, dass Vertrauen durch Glaubwürdigkeit, Verlässlichkeit und Authentizität begründet wird und eine Vorleistung auf künftige Ereignisse ist.

Wie wäre es gewesen, wenn sich dieser Bankmanager, seine weltweiten Kolleginnen und Kollegen zum Berufsstart und im Verlauf ihres Berufslebens immer wieder einmal mit den Fragen des Vertrauens, der Verantwortung, der Habgier etc. auseinandergesetzt hätten?

7 WISSENSMANAGEMENT

Michael Niehaus

Alle Menschen streben von Natur aus nach Wissen.

Aristoteles

Gerade in Zeiten der Krise sind Wissen, der Zugang zu Informationen und verlässliche Kriterien zu ihrer Bewertung von besonderer Bedeutung. Welchen Aufschluss die Philosophie hier bieten kann, soll dieses Kapitel klären.

Die These, dass Wissen die bedeutsamste Ressource des 21. Jahrhunderts ist und Rohstoff für Innovations- und Wettbewerbsfähigkeit, ist heute zum Allgemeinplatz der gegenwärtigen politischen und gesellschaftlichen Diskussion geworden. In der Unternehmenspraxis sowie in der Managementtheorie ist die effektive Nutzung von Wissen als viertem Produktionsfaktor das zentrale Thema. Durch die zielgerichtete Handhabung und Nutzung von Wissen (Wissensmanagement) sollen innovative Produkte entwickelt, Kosten gesenkt und im globalen Konkurrenzkampf neue Märkte erschlossen werden.

Doch was ist eigentlich Wissen und kann man Wissen wirklich managen? Diese unbeantwortete und grundlegende Frage führt dazu, dass neben der oben angesprochenen Euphorie über den Aufbruch in das neue Zeitalter der Wissensgesellschaft, gestützt durch die modernen Informations- und Kommunikationsmedien, sich auch kritische Stimmen mehren, die von einer gegenwärtigen „Krise des Wissens" sprechen. So konstatiert der Philosoph Jürgen Mittelstraß den Verlust des Wissens und beklagt die Erosion des Wissens- und Forschungsbegriffs sowie den Warencharakter von Wissen. Der Soziologe Helmut Willke spricht in Anschluss an Edmund Husserl von der „Krisis des Wissens" und beschreibt die scheinbar widersprüchliche Bewegung in der Wissensgesellschaft von der Bedeutungszunahme des Wissens bei gleichzeitiger Abnahme der Relevanz des Wissenschaftssystems als dem ursprünglichen Produzenten von Wissen innerhalb der Wissensgesellschaft.

Trotz aller Fortschritte im technischen Umgang mit Informationen ist allenthalben ein Unbehagen darüber spürbar, dass die gegenwärtigen Ansätze des Wissensmanagements zu begrenzt sind: Der Begriff des Wissens entzieht sich noch immer weit gehend einem systematischen Management. Wissensmanagement ist oftmals bloßes technologiebasiertes Daten- und Informationsmanagement und zwischen theoretischen Modellen und realen unternehmerischen Prozessen klafft häufig eine kaum überbrückbare Kluft. Es gibt ein Defizit an einer theoretischen Fundierung des Wissensmanagements und an einem konsistenten Verständnis zentraler Begriffe wie „Daten", „Information", „Wissen" und „Kompetenz".

Daher kommt es nicht von ungefähr, dass sich zunehmend auch Philosophen mit dem Thema Wissensmanagement auseinandersetzen. Je eindringlicher Unternehmen und Organisationen nach praktikablen und effizienten Lösungen im Bereich des Wissensmanagements verlangen und je leistungsstärker und raffinierter die IT-basierten Instrumente werden, desto wichtiger wird die Frage nach dem Wesen von Wissen. Genau hier setzt die sokratische Philosophie an: Sie fragt nach der Bedeutung von Begriffen, sie hinterfragt gemeinhin Gewusstes und trägt so zur Klärung bei.

Das Kapitel zum Wissensmanagement ist ein Beispiel dafür, inwieweit es sich lohnt, den Dingen auf den Grund zu gehen und Begriffe kritisch zu hinterfragen. Auf dieser Grundlage lassen sich dann sinnvolle und passfähige Konzepte zum Umgang mit Wissen in Organisationen und Unternehmen entwickeln. Ansatzpunkte aus philosophischer Sicht sind dabei:

- die Klärung zentraler Begriffe,
- der mäeutische Prozess zur Aufdeckung impliziten Wissens,
- die Betonung von Bildung und Wissenschaft als Grundlage und Referenzsystem jedes Wissens,
- die Stärkung des einzelnen Subjekts: Wissen ist immer personengebunden.

7.1 Die Wissensgesellschaft

Ausgangspunkt und Hintergrundfolie zur gegenwärtigen Diskussion um das Wissensmanagement bildet die Transformation hochindustrialisierter Volkswirtschaften in so genannte Wissensgesellschaften, in denen statt Arbeit, Boden und Kapital das Wissen zur wertvollsten Ressource im internationalen Wettbewerb wird.

Während es im Wissensmanagement um den praktischen Umgang mit Wissen auf der betrieblichen Ebene geht, behandelt der Diskurs um die Wissensgesellschaft die Frage nach einer angemessenen Gesellschaftstheorie. Mit Fragestellungen, ob Wissen öffentlich oder privat sein soll, ob es als Ware oder als gemeinschaftliches Gut behandelt werden soll, eröffnet sich gleichzeitig auch eine wesentliche politische Dimension der Debatte.

Der Begriff der „knowledgeable society" taucht erstmals 1966 bei Robert E. Lane auf und betont den wachsenden Einfluss des wissenschaftlichen Wissens und die Bedeutung der Wissenschaft für die weitere gesellschaftliche Entwicklung. 1969 prognostiziert Peter F. Drucker den gesellschaftlichen Strukturwandel hin zur „knowledge society". Dabei liegt der entscheidende Erfolgsfaktor der wirtschaftlichen und sozialen Entwicklung einer Gesellschaft darin, systematisch praxisrelevantes und anwendungsorientiertes wissenschaftliches Wissen zu produzieren.

Drucker untersucht wissenschaftlich-technisches Wissen, insbesondere hinsichtlich dessen Produktion, Transfer und Anwendung. Wesentlich sind ihm dabei:

* Der Entstehungskontext von Wissen: Wissenschaftliches Wissen verkörpert die grundlegende Triebkraft des strukturellen Wandels in der Gesellschaft.
* Der Anwendungskontext von Wissen: Wissenschaftliches Wissen ist das Gestaltungsmittel des gesellschaftlichen Wandels (Wissen als Instrument).

Grundlegend für die Wissensgesellschaft ist es, beide Kontexte des Wissens miteinander zu verknüpfen. Dies führt auch dazu, dass wissenschaftliches Wissen vielfältige Ausprägungen annimmt, die eine trennscharfe Abgrenzung zwischen dem (theoretischen) Entstehungs- und dem (praktischen) Anwendungskontext nahezu unmöglich machen. Vielmehr haben beide Perspektiven eines gemeinsam: Die Generierung von wissenschaftlichem Wissen steht immer stärker im unmittelbaren oder mittelbaren Zusammenhang mit der darauf basierenden Anwendung. Beispiele hierfür sind die Forschungsabteilungen der Großkonzerne.

Auch Daniel Bell betont 1973 mit seiner These von der „post-industrial society" die gesellschaftliche Bedeutung und Funktion von Wissen. Aufgrund der hohen Relevanz stellt Wissen nach Bell das axiale Prinzip der postindustriellen Gesellschaft dar.

Zum einen beruhen die wesentlichen technischen und gesellschaftlichen Innovationen auf theoretischem Wissen, zum anderen entsteht ein kontinuierlich wachsender Anteil der Wertschöpfung in wissensintensiven Bereichen. Die nachindustrielle Gesellschaft wird deshalb als Wissensgesellschaft bezeichnet.

Bell charakterisiert die postindustrielle Gesellschaft anhand folgender Merkmale:

* Die Wirtschaftsstruktur ist davon geprägt, dass der Dienstleistungssektor die dominierende Stellung gegenüber den güterproduzierenden Sektoren einnimmt.

- Die Qualifikationsstruktur der Erwerbstätigen ist einer tief greifenden Veränderung unterzogen und führt zu hochqualifizierten Berufen (Professionalisierung und Akademisierung). Die Begriffe des Wissensarbeiters und der Wissensarbeit sind Ausdruck dieser Entwicklung.
- Wissen wird zum tragenden Prinzip der postindustriellen Gesellschaft. Theoretisches Wissen gilt als Quelle für Innovationen und bildet zudem den Ausgangspunkt einer gesellschaftspolitischen Fortschrittsprogrammatik.
- Auch die Entscheidungsbildung innerhalb der Gesellschaft wandelt sich. Bell spricht davon, eine neue intellektuelle Technologie zu schaffen, mit dem Ziel, rationales Handeln zu definieren und festzustellen, mit welchen Mitteln es sich realisieren lässt.

Doch was ist daran das Neue? Warum müssen wir eine neue Gesellschaftsform postulieren? Hat Wissen nicht seit jeher eine zentrale Rolle für das menschliche Zusammenleben gespielt und ist gesellschaftliches Handeln nicht schon immer wissensgeleitet?

Der Grund, warum gerade unsere gegenwärtige, hochentwickelte Gesellschaft als Wissensgesellschaft bezeichnet wird, liegt in der Durchdringung aller gesellschaftlichen Lebensbereiche – von der individuellen Privatsphäre bis hin zur Ökonomie und Politik – mit wissenschaftlichem Wissen.

Diese Durchdringung aller Lebensbereiche mit wissenschaftlichem Wissen führt auch zu einem Transformationsprozess im Wissenschaftssystem selbst. Der Sonderstatus wissenschaftlichen Wissens gegenüber anderen Wissensformen verschwindet. Neben die klassische, universitäre Forschung treten neue Formen der Wissensproduktion, deren Wissensbegriff stärker am Nutzen und der konkreten Anwendung orientiert ist.

Die Vermischung von Lebenswelt und Wissenschaft führt zum einen zu einer Verwissenschaftlichung der Gesellschaft, zum anderen auch zu einer Vergesellschaftung der Wissenschaft, verbunden mit einem Aufweichen der spezifischen Anforderungen an wissenschaftliches Wissen. Hiervon ist die gesamte Diskussion um die Zukunft des Bildungsstandortes Deutschland, der Forschungsförderung bis hin zum Ansatz von Eliteuniversitäten betroffen.

Ein wesentliches Merkmal der Wissensgesellschaft ist es außerdem, dass zur Technisierung der Welt durch Wissen eine Technisierung des Wissens selbst (Informatisierung bzw. Digitalisierung) hinzugekommen ist. Dies bedeutet, dass Wissen nicht mehr nur die Voraussetzung erfolgreichen Handelns ist, sondern es tritt zusätzlich als Gegenstand des Handelns auf den Plan, als Objekt, das es in technisch, rechtlich und ökonomisch optimaler Weise herzustellen, zu beschaffen, zu ordnen, zu bewerten, zu verteilen und einzusetzen gilt. Dieses technisierte Wissen gilt es auf gesellschaftlicher wie auf organisationaler Ebene zu steuern, d.h. zu managen.

Dies ist eine enorme Herausforderung und führt bisweilen in ein Paradox: Wissen war bisher immer die Lösung. Inzwischen ist Wissen das Problem geworden.

7.2 Was ist Wissen? Annäherungen an den Wissensbegriff

Bevor man etwas managen kann, sollte man wissen, wovon man eigentlich redet. Kommen wir zurück zur Eingangsfrage dieses Kapitels: Was ist Wissen? Ein erster Schritt zur Klärung dieser Frage ist die Begriffsgeschichte und die Etymologie:

Der Begriff Wissen ist ein substantiviertes Verb von althochdeutsch „wizzan" bzw. „wizzen", gotisch „witan", stammt aus der indogermanischen Wurzel „ueid" und hat die Bedeutung des Sehens, Kennens und inneren Habens. Der Bedeutungswandel von „Ich habe gesehen" zu „Ich weiß" ist dabei der Ausdruck des Besitzes der durch Anschauung(en) gewonnenen Erkenntnis.

Schauen wir in die großen deutschsprachigen Konversationslexika und Enzyklopädien sowie die philosophischen Fachlexika, so finden sich durchgängig folgende zentrale Elemente des Wissensbegriffs:

- **Der Wahrheitsbezug von Wissen:** Wissen hat immer einen Wahrheitsanspruch und unterscheidet sich darin von anderen Aussageformen wie etwa der bloßen Meinung oder dem Glauben.
- **Die Begründung des Wahrheitsanspruchs durch Erklärung:** Der Wahrheitsanspruch des Wissens muss sich begründen lassen. Dies kann durch unterschiedliche subjektive sowie objektive Gründe erfolgen.
- **Wissen als der Besitz von Kenntnissen und Erfahrungen:** Damit gemeint ist ein Sach- und Faktenwissen (Ich weiß, dass …), das sowohl aus intersubjektiver empirischer Erfahrung als auch aus persönlicher Intuition stammen kann. Dieses Wissensverständnis knüpft an den etymologischen Stamm des Wortes Wissen an: Ich habe gesehen.
- **Wissen ist das Resultat eines Erkenntnisprozesses:** Dies ist vor allem vor dem Hintergrund des Verständnisses im Wissensmanagement von Bedeutung: Während Wissen in der Philosophie als Ergebnis eines Erkenntnisprozesses verstanden wird, ist Wissen dort lediglich Ressource und Ausgangspunkt für weitere unternehmerische Wertschöpfungsprozesse.
- **Die Wissenschaft gilt als die Summe des Wissens,** in ihr ist der Wissensprozess institutionalisiert.
- Der Begriff Wissen subsumiert **unterschiedliche Wissensformen:**
  - Wissen als Kennen (knowledge of),
  - Wissen als Tatsachenwissen, als Summe der (empirischen) Kenntnisse und Erfahrungen (knowledge that),
  - Wissen als Begründungswissen, das Verstehen der Zusammenhänge (knowledge how),
  - Wissen als Alltagswissen, das als (zum Teil unreflektiertes) Erfahrungswissen Orientierung bietet und auf das Handeln zielt.

7.3 Wissen in der klassischen griechischen Philosophie

Der Begriff Wissen bezeichnet in der antiken griechischen Kultur ganz unterschiedliche Formen von Wissen und Kompetenzen:
* Vertrautheit oder Bekanntschaft mit einer Sache
* Handwerkliche Fertigkeit
* Professionelle Kompetenz
* Das durch Beweis und Rechtfertigung abgesicherte Erkennen
* Die darauf aufbauende Wissenschaft

Wissen reicht also von Kenntnis von Sachverhalten (Wissen dass), einem impliziten Gebrauchs- und Handlungswissen (Wissen wie) bis hin zum innerhalb der Philosophie thematisierten Wissen als überlegener, mit außerordentlicher Gewissheit verbundener Erkenntnisform.

In der griechischen Sprache gibt es für dieses breite Spektrum zwei zentrale Begriffe, deren Unterscheidung auch für das heutige Wissensmanagement von Relevanz ist: Episteme und Techne.

* **Episteme-Wissen:** ein Wissen, das eine wahre geprüfte Meinung ist und mit der Idee ursächlicher Erklärung verknüpft ist. Episteme ist in diesem Sinne das Wissenschaftswissen. Episteme steht dabei in Opposition zu
    – Doxa (Meinung). Meinung kann wahr oder falsch sein, während Episteme immer wahr (und damit notwendig) ist
    – Aisthesis (Wahrnehmung)
    – Tyche (zufälliges Treffen des Richtigen). Daher gehört es zur Episteme, Rechenschaft abzulegen und Einsicht in die jeweils relevanten Ursachen und Gründe vorweisen zu können.

* **Techne-Wissen:** anwendungsbezogenes Expertenwissen oder eine praktische Fachkompetenz (ein Können, eine Fertigkeit, Geschicklichkeit oder Kunst (Ars), weswegen der Ausdruck generell für künstlerische, handwerkliche, praktische, wissenschaftliche oder philosophische Disziplinen verwendet wird.

Beim Begriff Techne ist zwar die etymologische Herkunft aus dem Wortstamm „tek" (bauen, zimmern) erkennbar, doch ist der handwerkliche Bereich nicht der einzige Kontext, in dem der Begriff in der klassischen griechischen Philosophie auftaucht. Bei Techne geht es immer um ein regelgeleitetes, sachverständiges, also an bestimmtes Wissen gebundenes praktisches oder theoretisches Können.

DAS SOKRATISCHE WISSENSVERSTÄNDNIS

Die Frage nach dem Wissen nimmt eine zentrale Stellung bei Sokrates ein. Die Positionen, die er in den verschiedenen Dialogen gibt, beschreiben einen komplexen Wissensbegriff, der sich in vielfältigen Wissensformen zeigt und sich nicht auf einzelne Definitionen und Lehrsätze reduzieren lässt. Erschwerend ist die Vermischung sokratischer und platonischer Positionen. Wichtig sind dabei vor allen Dingen die Unterscheidung zwischen Meinung und Wissen sowie eine Untersuchung des Dialogs „Theaitet", in dem die Frage nach dem Wesen des Wissens im Mittelpunkt steht.

POLITEIA ODER DIE UNTERSCHEIDUNG VON MEINUNG UND WISSEN

In der „Politeia" beschreibt Platon die Herrschaft eines Philosophenkönigs als Voraussetzung für einen guten und gerechten Staat. Im fünften Buch untersucht er das Verhältnis von Meinen und Wissen anhand der Unterscheidung zwischen Philosophen und Schaulustigen: Während sich die Philosophen auf das Seiende richten, das etwas an sich selbst bzw. für sich selbst ist, richten sich die Schaulustigen auf das viele, am Sein nur Teilhabende. Daher haben nur die Philosophen wahre Erkenntnisse, während die Schaulustigen einem traumähnlichen Verwechseln unterliegen (Doxa).

Die Unterscheidung zwischen Wissen und Meinung gründet in Platons Ideenlehre: Nur die Ideen selbst sind Gegenstand von Erkenntnis. Die empirische Vielfalt der Erscheinungen ist nur Abbild dieser Ideen und hat nur in deutlich abgeschwächter Form am Sein teil. Für Platons Theorie des Wissens bedeutet dies, dass die Gegenstände der bloßen Wahrnehmung nicht zum Bereich des Wissens zählen können. Wahre Wissenschaft ist nur die Philosophie, die sich mit dem Seienden in Form der Ideen beschäftigt. Die Mathematik gehört noch in die Sphäre des Verstandes, während die empirischen Naturwissenschaften in den Bereich des Glaubens verortet werden.

THEAITET: KANNST DU MIR SAGEN, WAS WISSEN IST?

Im Laufe des Gesprächs zwischen Sokrates, Theodoros und Theaitet über das Wissen werden drei Antworten diskutiert:
* Wissen ist Wahrnehmung
* Wissen ist richtige Meinung
* Wissen ist richtige Meinung mit Erklärung

Alle drei Möglichkeiten werden letztlich verworfen und der Dialog mündet in die Einsicht in die letztliche Unlösbarkeit eines theoretischen Problems, die in die Erfahrung des eigenen Nichtwissens führt (Aporie).

Zunächst beschreibt Sokrates sein Handwerk der Mäeutik (Hebammenkunst) und formuliert damit auch die Methodik der Beantwortung der Frage nach dem Wissen: *„Das Wichtigste an meiner Kunst ist jedoch die Fähigkeit, mit allen Mitteln zu prüfen, ob die Überlegungen des jungen Mannes ein bloßes Trugbild und etwas Falsches hervorgebracht haben oder etwas Lebenskräftiges und Wahres. Denn auch hierin trifft auf mich dasselbe wie auf die Hebamme zu: Ich bringe keine klugen Gedanken hervor. Und was mir schon viele vorgeworfen haben, dass ich nämlich immer nur die Anderen frage, selbst aber in keinem Punkt irgend etwas zu Tage fördere, da ich eben keine Klugheit besäße, so ist dieser Vorwurf berechtigt."*

Theaitets erste Antwort auf die Frage nach dem Wissen lautet: *„Wer etwas weiß, nimmt nun meiner Meinung dasjenige wahr, was er weiß. Und wie mir jetzt jedenfalls scheint, ist Wissen nichts anderes als Wahrnehmung."* Sokrates erkennt darin eine Grundanschauung, die auf den Sophisten Protagoras zurückgeht: *„Deine Bestimmung des*

Wissens scheint nicht schlecht zu sein, vielmehr ist es auch die, die Protago-
ras gegeben hat. Er sagte nämlich, ,der Maßstab aller Dinge' sei der
Mensch. (…) Meint er damit nicht Folgendes: ,Für mich ist alles so, wie es
mir erscheint, für dich wiederum so, wie es dir erscheint'."

Dies wird nun als radikaler Relativismus entlarvt, demzufolge es
nur die ständig wechselnden, individuellen Wahrnehmungen, nur
ein Werden, aber kein beständiges Sein gebe. Nach einer sachlichen
Prüfung der sensualistischen Position kommt man zu dem Ergebnis, dass Wissen nicht mit Wahrnehmung gleichzusetzen sei.

Im zweiten Definitionsversuch wird Wissen als richtige und damit wahre Meinung bestimmt. Da diese immer auch die Möglichkeit einer falschen Meinung voraussetzt, kommt es im weiteren Dialog zu mehreren Versuchen, den Irrtum genauer zu definieren.
Doch immer wieder zeigt sich, dass nur ein jeweils höheres Wissen
über richtig und falsch entscheiden kann, sodass die Unterscheidung der wahren von der falschen Meinung unabschließbar ist.

Im dritten Definitionsversuch behauptet Theaitet, Wissen sei
wahre Meinung verbunden mit Erklärung. Auch diese Definition
hält den kritischen Fragen des Sokrates nicht stand, da jede Erklärung selbst wieder auf Wissen angewiesen ist: *„Und es ist doch recht*
einfältig, bei der Untersuchung des Wissens zu behaupten, es sei wahre
Meinung verbunden mit Wissen vom Unterschied oder von sonst etwas."

Am Ende des Gespräches ist Theaitet an das Ziel der sokratischen Mäeutik gelangt: *„Beim Zeus, ich jedenfalls habe mehr, als ich*
überhaupt in mir hatte, mit deiner Hilfe gesagt." Sokrates hat Theaitets
bisheriges Wissen über das Wissen als Scheinwissen entlarvt.

Dem heutigen Leser geht es nicht anders: Er hat viel gelernt,
doch die in Aussicht gestellte Definition von Wissen bleibt ihm vor-
enthalten. Die Aporie ist ein Beitrag zur Einsicht in das sokratische
Nichtwissen. Sie ist damit Voraussetzung und Lehrstück einer Dialektik jenseits aller Dogmatik, die das wahre Philosophieren ausmacht. Das Wissen vom Wissen ist offenbar nicht von einer Art,
dass man es einfach beschreiben könnte, vielmehr ist es ein Verfahren, über die jeweils in Rede stehenden Annahmen Rechenschaft zu

fordern und zu geben. Die Frage nach dem Wissen liegt daher im Wesentlichen in der Reflexion des Wissensverständnisses. Die sokratische Methode dient dabei einer Fehlerdiagnose: Mit der Erfahrung des zurückgelegten Weges wird man bei der nächsten Überlegung besonnener und vielleicht erfolgreicher zu Werke gehen.

Neben dem Episteme-Wissen hat auch das praktische Techne-Wissen einen hohen Stellenwert in Platons Theorie des Wissens. Das Bild des Handwerkers hat mehr als nur illustrativen Wert. Im Techne-Wissen der Handwerker, Künstler und Ärzte zeigt sich ein Vermögen bzw. Können, das sich wissend und bewusst auf ihr eigenes Werk richtet. Techne ist für Platon Ausdruck praktischen Wissens. Er nennt Techne und Wissenschaft (Episteme) oft in einem Atemzug. Wissenschaft ist dabei das System von Gesetzesaussagen, der anspruchsvolle Begriff der Techne umfasst neben dem praktischen Können das Wissen von den Gesetzen, mit denen sich das Tun begründen und lehren lässt. In einem schwächeren Sinn ist Techne nur als angewandte Technik, als Regelsystem oder Methode eines beliebigen Tuns (Maltechnik, Schiffbautechnik etc.) zu verstehen.

Der hohe Anspruch an das Techne-Wissen wird auch in Sokrates Auftreten gegen die Sophisten deutlich. Während die Sophisten beanspruchten, ein Wissen fertig zu besitzen, das sie als Ware meistbietend verkaufen, versteht Sokrates die Philosophie nicht als einen Besitz, sondern als eine Liebe zur Weisheit. Dies drückt sich auch in der Form des Philosophierens aus: Dem dogmatischen, scheinbaren Wissen, das als privates Eigentum besessen werden kann, stellt Sokrates den dialektischen Prozess des immer wieder neu beginnenden Nachdenkens entgegen.

Der Wissensbegriff der klassischen griechischen Philosophie

Wissen unterscheidet sich von anderen Aussageformen, wie etwa der Meinung oder dem Glauben, dadurch, dass das, was als Wissen behauptet wird, zum einen eine richtige Aussage über einen Sachverhalt ist, als auch, dass dieser erklärt und argumentativ begründet werden kann (Wissen als eine wahre, begründete Aussage).

Höchstes wissenschaftliches Wissen (Episteme) basiert auf der Einsicht in die Gründe. Gegenstand dieses Wissens kann nicht die empirische Natur sein, sondern die ihr zugrunde liegenden Ideen und Gesetze. Nach diesem Verständnis zählt nur die (erste) Philosophie zur Wissenschaft, die Einzelwissenschaften, die immer einen empirischen, materiellen Gegenstandsbereich haben, werden dem Techne-Wissen zugeordnet. Auch dieses Wissen ist nicht nur ein Wissen des Dass, sondern auch ein Wissen verbunden mit Erklärung und Begründung, ein Wissen um das Warum.

Episteme-Wissen ist an sich zweckfrei. Dem Wissenden geht es um die Erkenntnis der Wahrheit als ein ethisches und Glück verheißendes Lebensprinzip. Das Techne-Wissen verfolgt hingegen Zwecke und ist in diesem Sinne anwendungsorientierte Praxis.

Die klassische griechische Philosophie unterscheidet das propositionale Wissen (Wissen dass), das Wissen um die Gründe und Zusammenhänge (Wissen warum) sowie das gegenständliche Wissen im Sinne von Kenntnishaben, gesehen haben (Wissen von).

7.4 Wissensmanagement – ein schillernder Begriff

Jeder, der sich mit dem Thema Wissensmanagement beschäftigen möchte, steht zunächst einmal vor dem Problem herauszufinden, was Wissensmanagement denn eigentlich ist oder bedeuten soll. Trotz einer wahren Publikationswelle ist dies nicht abschließend und eindeutig definiert.

Hier setzt sokratisches Philosophieren an: Es gilt, sich zunächst Rechenschaft über sein Tun zu geben und in der Lage zu sein, das jeweils Gemeinte zu erklären.

Im Folgenden soll unter Wissensmanagement zunächst ganz allgemein der gezielte und systematische Umgang mit Wissen in Organisationen mit dem Ziel der Produktivitätssteigerung verstanden werden. Ein klassisches Beispiel ist dabei die Vermeidung von Doppelarbeit.

Gleichzeitig verfolgen die meisten Wissensmanagementansätze das Ziel, das Wissen einzelner Mitarbeiter der gesamten Organisation zur Verfügung zu stellen. So sollen brachliegende Produktions- und Innovationspotenziale genutzt und bedrohliche Wissensverluste, beispielsweise im Falle von Ruhestand bzw. Kündigungen oder der Auflösung von Projektteams, vermieden werden. Die Organisation und ihre Wissensbasis soll also von einzelnen Individuen unabhängig gemacht werden. Überspitzt formuliert wäre dies die Umsetzung der Vision der menschenlosen Organisation, in der sämtliches Wissen der Mitarbeiter in der organisationalen Wissensbasis gespeichert wird (Corporate knowledge). Konkret wird dabei meistens an firmeninterne Datenbanken oder Intranets gedacht. Kritiker sprechen hier von einer Enteignung der Experten.

Was ist Wissensmanagement – Der Begriff des Wissensmanagements

Über Wissensmanagement wird zwar in vielerlei Zusammenhängen und aus verschiedenen Perspektiven geschrieben, es wird jedoch nur in Ausnahmefällen explizit definiert. Mit anderen Worten: Alle Welt spricht darüber, doch keiner weiß, worum es eigentlich geht!

Aus den vorhandenen Definitionsbemühungen und der Analyse einzelner Konzepte lässt sich keine einheitliche Begriffsbestimmung von Wissensmanagement entwickeln. Stattdessen lassen sich einzelne Dimensionen des Wissensmanagementbegriffs herausarbeiten, die den meisten Definitionen gemein sind:

* Wissensmanagement ist zunächst ganz allgemein der bewusste Umgang mit Wissen in Organisationen. Ziel des Wissensmanagements – wie jeder anderen Managementmethode auch – ist die Erhöhung der Wertschöpfung des Unternehmens. Wissen

ist dabei eine zu entwickelnde, zu steuernde und vor allem effektiv zu nutzende Ressource für die Unternehmensprozesse. Dabei gehen alle Wissensmanagementkonzepte davon aus, dass Wissen bisher nicht effektiv genug genutzt wurde und dass Wissen gegenwärtig und zukünftig die zentrale zu bewirtschaftende Ressource sei, da die Nutzung der traditionellen Ressourcen Boden, Kapital und Arbeit bereits ausgereizt sei.

- Dieser allgemeinen These liegt die Annahme zugrunde, dass sich Wissen managen lässt. Was dabei konkret unter Management zu verstehen ist, bleibt offen. Wissen hat einen Objektcharakter und wird als Gegenstand verstanden, der gesteuert und gehandhabt werden kann.
- Obwohl dem Wissen eine enorme Bedeutung für den Unternehmenserfolg zugemessen wird, wird wenig Wert auf die Qualität des Wissens selbst gelegt. Bemerkenswert sind die fehlenden Qualitätskriterien für Wissen und seine Unterscheidung von anderen Aussageformen. Das einzig erkennbare Qualitätskriterium scheint ganz pragmatisch das der Nützlichkeit zu sein: Wissen ist das, was wirkt.
- Wissensmanagement versteht sich als Konzept der Wissensgenerierung, der Wissenssammlung und -sicherung sowie der Wissensdistribution. Einfacher ausgedrückt: Ziel ist es, Wissen zur richtigen Zeit am richtigen Ort zur Verfügung zu stellen.
- Wissensmanagement begreift sich als ganzheitliches Konzept, das den einzelnen Menschen, die Organisationsstruktur und die Technik als nicht voneinander zu trennende Aspekte einer wissensorientierten Unternehmensführung sieht.
- Das zu managende Wissen liegt in unterschiedlichen Ausprägungen und Typologien vor. Von besonderem Interesse sind dabei das implizite Wissen der Mitarbeiter sowie das so genannte organisationale Wissen.
- Wissensmanagement ist an sich nichts ganz Neues, sondern eine Weiterentwicklung bzw. Verknüpfung bereits bestehender Managementkonzepte wie dem organisationalen Lernen, dem

Informationsmanagement sowie dem Personal- und Kompetenzmanagement.

- Wissensmanagement bedarf der Unterstützung durch eine technische Infrastruktur. In diesem Sinne hat Wissensmanagement als computergestütztes Informationsmanagement auch mit Informationen und Daten zu tun.
- Wissensmanagement ist eine Führungsaufgabe, gleichzeitig aber auch Aufgabe eines jeden Mitarbeiters als Form des Selbstmanagements.

7.5 Was ist Wissen und kann man es managen?

Wie würde Sokrates handeln, wenn er heute verantwortlicher Wissensmanager in einem Unternehmen wäre? Wahrscheinlich würde er zunächst alle Tools und Instrumente, alle Computer und Netzwerke zur Seite schieben und fragen, „Was ist denn eigentlich Wissen?" Die Antworten, die er von seinen Mitarbeitern und Kollegen erhalten würde, würden ihn wahrscheinlich nicht befriedigen.

Trotz der immer wieder betonten Bedeutung für Unternehmen und deren wirtschaftlichen Erfolg ist Wissen selbst noch immer eine „Blackbox". *„Dem Wissen wird auf der betrieblichen und gesellschaftlichen Ebene eine immer größere Bedeutung zuerkannt; vor diesem Hintergrund ist es mehr als erstaunlich, dass in der gegenwärtigen Debatte zum Wissensmanagement der Wissensbegriff gänzlich abhandenzukommen droht. (…) Als Wissen werden nicht nur unterschiedslos sämtliche Kognitionen und Daten bezeichnet, sondern auch alle Fähigkeiten, Kenntnisse, Fertigkeiten, Emotionen, Normen usw.",* so der Berliner Wirtschaftsprofessor Schreyögg.

Eine einheitliche Definition dessen, was in der Unternehmenspraxis als Wissen bezeichnet wird, lässt sich somit nicht geben. Zu unterschiedlich und zum Teil widersprüchlich ist das Verständnis von Wissen. Sokrates würde hier in seinen Gesprächen mit anderen Wissensmanagern schier verzweifeln …

Stellt man die sokratische Frage, was denn in Unternehmen unter Wissen verstanden wird, so lassen sich folgende Aspekte des Wissensbegriffs feststellen:

Wissen hängt mit Daten und Informationen zusammen

Wissen unterscheidet sich von ihnen, gleichzeitig bedingen Daten und Informationen Wissen, wobei die Unterscheidungskriterien nicht durchgehend eindeutig formulierbar sind.

Unterschiedliche Formen des Wissens im Wissensmanagement

Unter Wissen wird sowohl das wissenschaftliche Wissen als auch unreflektiertes Erfahrungswissen zur Orientierung im Alltag subsumiert, ohne dass die unterschiedlichen epistemischen Ansprüche thematisiert werden.

In der Diskussion dominieren zwei Dichotomien: explizites versus implizites und personales versus organisationales Wissen.

- **Explizites Wissen** ist verbalisierbar, kodifizierbar und in Büchern oder Datenspeichern dokumentierbar. Oftmals werden dabei die Objekte, die Wissen repräsentieren, für das Wissen selbst gehalten.

- **Implizites Wissen** ist ein unbewusstes bzw. vorbewusstes, verinnerlichtes Erfahrungswissen, das sich der Kommunizierbarkeit entzieht. Das Konzept des impliziten Wissens berührt die Begriffe der Könnerschaft und der Kompetenz.

- **Personales Wissen** ist das Wissen, das einer Person zur Verfügung steht. Es umfasst implizites und explizites Wissen.

- **Organisationales Wissen** beschreibt das Wissen einer Organisation als soziales System und stellt eine gegenüber den einzelnen psychischen Systemen der Mitarbeiter emergente Ordnungsebene dar. Organisationales Wissen ist mehr als die Summe des Wissens in den Köpfen ihrer Mitglieder und liegt in den Strukturen und Prozessen der Organisation.

Wissen wird als ein verdinglichtes Objekt behandelt, das sich als Ware handhaben (managen) lässt. Wissen ist Basis und Rohstoff für erfolgreiches wirtschaftliches Handeln: Mittel zum Zweck. Wissen ist damit eine handelbare Ware und dient als Ausgangslage und Rohstoff für unternehmerische Prozesse. Dieser dominierende Warencharakter von Wissen zeigt sich vor allem in der Informatisierung und Digitalisierung von Wissen. Wissen wird auf Informationen reduziert und dabei verdinglicht. Dies äußert sich besonders in der Konzentration auf datentechnische Prozesse in computergestützten Informationssystemen. Wissen soll aus den Köpfen der Mitarbeiter in Bücher oder Datenspeicher überführt und so handhabbar und handelbar werden, d.h., es kann gemanagt werden (etymologisch geht der Begriff des Managements auf das lateinische „manus" – „Hand" zurück). Daraus folgt, dass der Gegenstand, den man managen will, auch in einer handhabbaren Form vorliegen bzw. auf diese reduziert werden muss.

In Anschluss an Francis Bacon wird Wissen als Handlungsvermögen verstanden: Wissen ist die Möglichkeit, etwas in Gang zu setzen. Damit ist Wissen Mittel zum Zweck und nur eine Ressource zur Wertschöpfung.

Wissen ist Macht

„Wissen und Macht des Menschen treffen in demselben zusammen, weil die Unkenntnis der Ursachen die Wirkung verfehlen lässt. Die Natur lässt sich nur beherrschen, wenn man ihr gehorcht; und was in der Erkenntnis als Ursache gilt, dient im Handeln als Regel", so der Aphorismus des englischen Philosophen und Naturwissenschaftlers Francis Bacon (1561 bis 1626), auf den die berühmte Formel „Wissen ist Macht" zurückgeführt wird. Zu Recht steht sie als Leitspruch dafür, dass Wissen in Form der Wissenschaft und Macht in Form von Technik immer enger zusammenrücken.

Betrachtet man Bacons Aphorismus aber genauer, sieht man, dass hier keine Gleichsetzung von „Wissen" und „Macht", sondern eine Perspektive formuliert wird: Wenn man Wissen bestimmter Art sucht, nämlich begründetes Wissen, findet man Macht. Wenn man Macht bestimmter Art sucht, nämlich technisches Können, findet man Wissen. Beides wird durch einen Suchprozess zusammengeführt, den Bacon „Forschung" nannte. Forschung unterliegt spezifischen Methoden und Gütekriterien, die an die Wissensdefinitionen der griechischen Philosophie anknüpfen: Wissen ist geprüfte wahre Meinung.

Fehlende Gütekriterien

Dem Wissensbegriff des Wissensmanagement fehlen Gütekriterien zur Unterscheidung des Wissens von anderen Aussageformen. Während seit der antiken Philosophie Wissen als wahre Meinung, verbunden mit Erklärung verstanden wird, spielen die Kriterien der Wahrheit, der Erklärbarkeit und Nachprüfbarkeit heute keine Rolle. Das einzige Kriterium für Wissen scheint das der Nützlichkeit zu sein. Kritiker sprechen angesichts dieses Warencharakters des Wissens von einer „McDonaldisierung des Wissens".

Dabei gehen die meisten Wissensmanagementkonzepte grundsätzlich von der Annahme aus, dass sich Wissen managen lässt. Nur wenige Kritiker ziehen dies in Zweifel. So gibt es nach Fredmund Malik keine Möglichkeit, in irgendeinem vernünftigen Wortsinn Wissen als solches zu managen: *„Ich vertrete die Auffassung, dass sich Wissen nicht managen lässt. Wissensmanagement scheint mir semantisch ähnlich wenig zu nutzen wie wenn ich zu dem, was Beethoven gemacht hat, ‚Soundmanagement', sagen würde. Worauf wir die Anstrengung lenken sollten, ist nicht Wissen zu managen, sondern die Menschen zu managen, die mit Wissen arbeiten müssen. Den Kopfarbeiter und die Wissensarbeit können wir managen. Dort ist das Wort richtig angewandt."* (Journal Arbeit 2/2002)

Vergleicht man den Wissensbegriff der klassischen griechischen Philosophie und den Wissensbegriff im Wissensmanagementdiskurs, so zeigen sich erhebliche Unterschiede:

	Klassische griechische Philosophie	Wissensmanagementdiskurs
Unterschiedliche Wissensformen	• theoretisches Wissen (Episteme, oft auch Wissenschaftswissen) • praktisches anwendungsorientiertes Wissen (Techne)	• explizites Wissen • implizites Wissen, oft auch Erfahrungswissen • personales Wissen • organisationales Wissen
Gütekriterien für Wissen	Wissen unterscheidet sich von anderen Aussageformen durch einen Wahrheitsanspruch, der sich durch Erklärung begründen lässt.	Wissen wird nicht von anderen Aussageformen, wie der Meinung oder dem Glauben, unterschieden. Einziges Gütekriterium ist seine Nützlichkeit für das Unternehmen.
Nutzen von Wissen	Wissen ist das Ergebnis eines Erkenntnisprozesses. Das theoretische Wissen (Episteme) ist zweckfrei, während das praktische Wissen (Techne) auf Anwendung hinzielt.	Wissen ist Ausgangspunkt und Ressource für weitere Prozesse der unternehmerischen Wertschöpfung. Wissen ist Mittel zum Zweck.
Träger von Wissen	Wissen ist an Personen gebunden und nicht in Dokumenten ablegbar.	Der Mensch ist ein Wissensträger neben anderen Medien (Bücher, Computerdateien etc.). Wissen wird nicht deutlich von Informationen unterschieden.

Auffallend ist der deutliche Wandel des Wissensbegriffs: vom Wissen als Selbstzweck, dem Streben nach Erkenntnis als höchster Lebensform hin zur Warenform des Wissens, die, abgelöst von an das Individuum gebundenen Erfahrungs- und Entstehungskontexten, als materiell verfestigtes Objekt gehandhabt wird. Dazu zählen auch die fehlenden Gütekriterien von Wissen gegenüber anderen Aussageformen: Wissen ist weder an Wahrheit noch an die Möglichkeit der Begründung gebunden, sondern unterliegt einzig und allein der Zweckmäßigkeit.

Sucht man in der gegenwärtigen Wissensmanagementpraxis nach Anknüpfungspunkten an die klassische griechische Philosophie, so lassen sich diese im Begriff der Techne finden: Auch das Techne-Wissen orientiert sich an Zwecken und dient der Lösung von Problemen. Der Begriff des Wissens im Wissensmanagement hat eine starke Komponente des Könnens. Das Techne-Wissen wird oft analog mit dem Wissen der Handwerker beschrieben. Gemeint ist damit die Fertigkeit und Geschicklichkeit, die sich aus einem Erfahrungswissen speist. Dieses Erfahrungswissen, oder auch implizites Wissen genannt, ist ein personales und verkörpertes Wissen, das nicht direkt verbalisierbar ist und sich am besten als Könnerschaft beschreiben lässt.

Ein weiterer Anknüpfungspunkt an die griechische Philosophie ist aber auch die Kritik von Sokrates an den Sophisten: Die Vorstellung von Wissen als einer handelbaren Ware, die meistbietend verkauft wird, ist keine Erfindung unserer Zeit. Die Sophisten sind in diesem Sinne Vorläufer der heutigen Politik- und Unternehmensberater, deren Wissensbegriff vor allem dem Nutzen des Auftraggebers verpflichtet ist.

Der Wissensbegriff des Sokrates ist hingegen dem Ziel der Menschenbildung und der Erziehung verpflichtet und unterliegt durch seinen Wahrheitsbezug auch moralischen Ansprüchen.

Der Wandel des Wissensbegriffs zeigt sich auch deutlich in seiner Sprache vom Menschen. Wissen galt einst in seiner theoretischen Form als Inbegriff des Menschseins als Vernunftwesen und als höchste Lebensform. Wissen ist dabei immer an ein Subjekt gebunden: den Weisen, den Gelehrten bis hin zum modernen Wissenschaftler.

Im gegenwärtigen Verständnis von Wissen wird der Mensch dagegen zum bloßen „Wissensträger" degradiert. Gleichzeitig wird die Entpersonalisierung des Wissens, d.h. die Ablösung des Wissens von seinen Trägern sowie seine bedarfsgerechte Bereitstellung für das Unternehmen, als absolute Notwendigkeit postuliert. Wissen wird dabei zur Ware, die unabhängig von Individuen gehandelt wird. Der Mensch als Wissender, als hervorbringendes Subjekt des Wissens, steht nicht mehr im Mittelpunkt des Interesses, sondern das zum Objekt gewordene Wissen als Ressource für weitere Wertschöpfungsprozesse.

Überträgt man die Diskussion um das Wissensmanagement in einen gesellschaftlichen Kontext, so muss die gegenwärtig allenthalben beschworene Wissensgesellschaft vor dem Hintergrund des Wissensverständnisses der klassischen griechischen Philosophie eher als eine bloße „Meinungsgesellschaft" beschrieben werden. Das wissenschaftliche Wissen, basierend auf Gütekriterien und Qualitätsstandards, das in den frühen Arbeiten zur Wissensgesellschaft als Garant des gesellschaftlichen Fortschritts galt, verliert an Bedeutung und ein an Zweckmäßigkeit orientiertes Wissen wird zum Leitbegriff der Wissensgesellschaft.

Fazit: Wir sind bisher der Frage nachgegangen, was eigentlich Wissen ist. Nach einer Reise in die griechische Antike haben wir uns den gegenwärtigen Wissensbegriff näher angeschaut. Die sokratische Frage nach dem „Was ist Wissen?" offenbart die theoretischen Mängel im Wissensmanagement, die wesentliche Ursache für die unzureichende Umsetzung in die Praxis sind.

Es ist deutlich zu erkennen: Bevor in einer Organisation nicht geklärt ist, was Wissen ist, kann es auch nicht gemanagt werden. Die Vielzahl – sich zum Teil sogar widersprechender Definitionen – ist vergleichbar mit der Aporie der Sokratischen Gespräche: Bisherige Überlegungen haben nicht weitergeführt, man muss sich erneut und ganz grundsätzlich mit der Frage nach dem Wissen auseinandersetzen. Mit anderen Worten: Wir müssen Wissensmanagement neu denken! Hierzu leistet die Sokratik einen guten Ansatz.

7.6 Sokrates als Wissensmanager

Aus sokratischer Sicht ist neben der grundsätzlichen Frage, was denn eigentlich Wissen ist, der Aspekt des so genannten impliziten Wissens von Interesse.

Das Konzept des impliziten Wissens geht zurück auf die Arbeiten des Chemikers und Philosophen Michael Polanyi, der bereits 1966 auf seine Bedeutung hinwies. Die Grundidee besteht darin, nicht nur explizites Wissen, das sprachlich bewusst vermittelt werden kann und in Dokumenten (Büchern, Computerdateien) vorliegt, für den Prozess der Wertschöpfung zu nutzen, sondern auch das so genannte implizite Wissen der Mitarbeiter, also Fähigkeiten und Kompetenzen, über die sie verfügen, die sie jedoch nicht sprachlich artikulieren können und derer sie sich oftmals auch gar nicht bewusst sind. Polanyi geht davon aus, dass wir mehr wissen, als wir zu sagen vermögen.

Ein beliebtes Beispiel für dieses verkörperte und verinnerlichte Wissen (embodied knowledge) ist das Fahrradfahren: Entweder man kann es oder man kann es nicht und wenn man es kann, ist man nicht in der Lage zu erklären, wie man es macht. Dieses implizite Wissen spielt nicht nur in unserem Alltags- und Erfahrungswissen eine wesentliche Rolle, sondern es zeigt sich, dass auch wissenschaftliches Wissen zu großen Teilen aus implizitem Wissen, d.h. kaum kommunizierbarem, an individuelle Personen gebundenem Wissen, besteht.

Das moderne Wissensmanagement greift den Begriff des impliziten Wissens auf und versteht ihn als das Ergebnis eines Learning by Doing sowie der Verinnerlichung von Werten und Idealen. Dieses implizite Wissen der einzelnen Mitarbeiter, das so genannte Erfahrungswissen, gilt es in einem Unternehmen systematisch zu nutzen.

Da implizites Wissen nicht einfach mitteilbar und vermittelbar ist, wird die Überführung von implizitem in explizites Wissen als der Schlüssel für den Erfolg eines Unternehmens gesehen. Bei diesem Transformationsprozess kann die Methode des Sokratischen Gesprächs einen wesentlichen Beitrag leisten, doch dazu mehr in Kapitel 7.7.

Als Praxisbeispiel und zur Veranschaulichung dient den Japanern Ikujiro Nonaka und Hirotaka Takeuchi in ihrem Klassiker „Die Organisation des Wissens" die Entwicklung des Heimbrotbackautomaten der Firma Matsushita: Die Herstellung des Gerätes ist dadurch gelungen, dass ein Mitglied des Entwicklungsteams beim Bäcker eines Hotels, das für sein besonders gut schmeckendes Brot bekannt war, in die Lehre ging. Durch die genaue Beobachtung des handwerklichen Herstellungsprozesses des Brotes durch den Ingenieur und die anschließende Artikulation des Beobachteten in den Arbeitsbesprechungen des Entwicklungsteams sowie die daran anschließende Umsetzung in Konstruktionszeichnungen ist es gelungen, das implizite Wissen der Bäcker in explizites Wissen zu überführen.

Der Schlüssel für die Schaffung neuen Wissens liegt also in dieser Verwandlung von implizitem in explizites Wissen durch einen

Prozess der Externalisierung. Gegenüber den üblichen Managementvorstellungen, dass neues Wissen in Organisationen nur durch die Einführung von externen Informationen und deren Verarbeitung entsteht, betonen sie, dass eine Information nur in Verbindung mit konkreten Vorstellungen und Handlungen in einem dynamischen Kontext einen Sinn hat. Informationen sind dabei ein notwendiges Medium oder Material für die Bildung von Wissen. Informationen werden aber erst dann zu Wissen, wenn sie kontext- und beziehungsspezifisch sind.

Das Ziel dieses Ansatzes ist die Einbettung von Lernprozessen in eine so genannte Wissensspirale:

- Sozialisierung: Übergang von implizitem zu implizitem Wissen
- Externalisierung: Übergang von implizitem zu explizitem Wissen
- Kombination: Übergang von explizitem zu explizitem Wissen
- Internalisierung: Übergang von explizitem zu implizitem Wissen

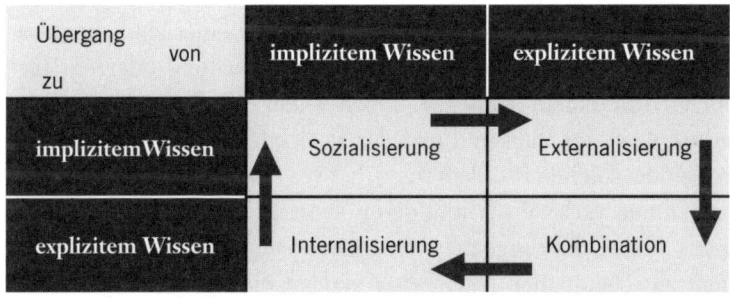

Der Anknüpfungsprozess an implizites Wissen, an das Erfahrungswissen der Mitarbeiter, gelingt mittels Metaphern und Analogien, die der Wahrnehmung und der Intuition nahestehen. Sie ermöglichen zum einen, das begrifflich (noch) nicht Fassbare in Bildern auszusprechen, zum anderen bilden sie den Kontext einer Information mit ab.

Diese Einsicht zeigt die entscheidende Rolle des Managements bei der Schaffung neuen Wissens: Es gilt, spezifische Techniken des Knowledge-Managements einzusetzen, die den jeweiligen Wandlungsformen des Wissens entsprechen. Effektive Methoden zur Externalisierung impliziten Wissens sind Moderationstechniken, die ein bildhaftes, assoziatives und metaphorisches Denken und Sprechen fördern.

Hierfür lässt sich das Sokratische Gespräch hervorragend nutzen. Das sich Bewusstwerden und das Aussprechenkönnen von Erfahrungen, Werten, Handlungsmustern ist ein mäeutischer Prozess, ein Prozess des zur Weltkommens von Ideen und inneren Haltungen.

7.7 Das Sokratische Gespräch als Instrument des Debriefing

Jeder kennt das Phänomen: Man steht vor einem Problem, von dem man genau weiß, dass es schon einmal gelöst worden ist. Man erinnert sich vage an ein vergangenes Projekt mit einer ähnlichen Fragestellung, eine Aktivität in der Nachbarabteilung oder ein Gespräch mit einem Kollegen. Doch leider ist der nette Kollege mittlerweile im Ruhstand und der Projektleiter, der schon einmal vor einem solchen Problem stand, hat vor einigen Monaten das Unternehmen verlassen. Mit anderen Worten: Die im Unternehmen gemachten Erfahrungen werden nicht systematisch genutzt, mit jedem ausscheidenden Mitarbeiter verlässt ein riesiger Erfahrungs- und Wissensschatz das Unternehmen.

Das ist nicht neu, in jedem Handbuch zum Wissens- und Projektmanagement finden Sie unter dem Schlagwort „Lessons learned" den Hinweis, nach Abschluss eines Projektes die gemachten Erfahrungen systematisch zu sammeln.

Aber wie macht man so etwas? Hier gibt es eine Vielzahl von Checklisten und Hinweisen zum Speichern von Daten und Informationen. Wie aber sichert man Erfahrungswissen der Art: *„Das haben wir immer so gemacht"*, *„Herr Meier weiß, wie so etwas geht"*, *„Ich zeige Ihnen mal, wie man diese Maschine bedient"*. Hier helfen nur strukturierte Interviews mit sokratischer Fragetechnik mit Einzelpersonen oder am besten mit dem ganzen Team. Es gilt, das implizite Wissen der Projektbeteiligten explizit zu machen, d.h. zunächst müssen die nicht bewussten Erfahrungen bewusst und damit artikulierbar gemacht werden. Nur was ausgesprochen werden kann, lässt sich auch dokumentieren.

Diese komplexen Erfahrungen lassen sich meistens nicht auf einfache Checklisten reduzieren. Oftmals ist eine sehr bildreiche Sprache mit vielen Metaphern und Vergleichen notwendig, um an des Pudels Kern zu kommen.

An einfachen Beispielen wird deutlich, wie schwer es ist, das Erfahrungswissen weiterzugeben: Erklären Sie, wie man Fahrrad fährt oder ein Musikinstrument spielt, wie man ein erfolgreiches Verkaufsgespräch führt oder wie man an neue Produktideen kommt. Der Versuch wird meistens scheitern, da er voraussetzt, dass es eine gemeinsame Erfahrungswelt gibt, an der beide Gesprächsteilnehmer anknüpfen können.

Im Sokratischen Gespräch geht es darum, auf das Wesentliche der Erfahrung zu kommen, auf den Kern, der alle Einzelerfahrungen miteinander verbindet. Dieses Zentrum eines jeden Projektes gilt es im sokratischen Debriefing-Gespräch herauszuarbeiten.

Sokratisches Fragen beginnt immer am Konkreten, an den einzelnen individuellen Erfahrungen der Mitarbeiter. Diese Erfahrungen lassen sich im Rahmen eines Debriefing-Interviews zum einen sammeln und zum anderen verallgemeinern, damit die Einzelerfahrungen von anderen Mitarbeitern auf ihre jeweiligen Situationen übertragen werden können.

Der folgende Leitfaden zeigt die einzelnen Ebenen, auf denen die Erfahrungen der Projektmitarbeiter gesammelt, verdichtet und abstrahiert werden. Er dient nicht nur der Dokumentation der Projekterfahrungen, sondern ist gleichzeitig auch hilfreiches Instrument für die Mitarbeiter, die Projektlaufzeit innerlich Revue passieren zu lassen, um inhaltlich und auch emotional mit dem Projekt abschließen zu können und so für neue Aufgaben bereit zu sein. Gerade der letzte Aspekt, das auch innerlich abschließen können, kommt in der Praxis oftmals zu kurz, da bereits neue Aufgaben zu erledigen sind. So wie der Start eines neuen Projektes ein Ritual braucht, das so genannte Kickoff-Meeting, so sollte auch das Debriefing notwendiger Bestandteil jedes Projektes sein und fest in der Lernkultur der Organisation verankert werden.

Interviewleitfaden

Erster Schritt: Sammlung der Erfahrungen

Leitfrage: Was haben wir bei diesem Projekt gelernt?

Jeder Projektteilnehmer beschreibt aus seiner Sicht die für ihn wesentlichen Inhalte und Erfahrungen des Projektes. Erfahrungsgemäß ist das Spektrum der Antworten hier relativ breit. Für die Aufbereitung und spätere Dokumentation des Interviews sowie als Überleitung auf Schritt zwei und drei muss der Gesprächsleiter / Wissensmanager beim Nachfragen die inhaltlichen oder fachlichen Ergebnisse und die notwendigen Prozessschritte dorthin unterscheiden.

Zweiter Schritt: Fokussierung der Erfahrungen

Leitfrage: Was sollten wir wieder so machen, was auf keinen Fall?

Wichtig ist die Frage nach den berühmten „Dos and don'ts", sie fokussiert den Blick auf die zentralen Lernerfolge. Damit die Statements der Projektteilnehmer nicht nur als bloße Meinungsäußerungen stehen bleiben, müssen die Empfehlungen begründet werden.

Dritter Schritt: Zuspitzung auf die Erfolgsfaktoren

Leitfrage: Was war erfolgsentscheidend für dieses Projekt?

Der dritte Schritt ist eine Zuspitzung, er fragt nach den Erfolgsfaktoren dieses Projektes. Dahinter steht die Frage nach den Entscheidungsgrundlagen im Laufe des Projekts: Woran hat man sich orientiert, was waren Kriterien zur Beurteilung der verschiedenen Situationen, welche Werte und Einstellungen der Projektmitarbeiter / Kunden waren von Bedeutung? Ein gelungenes Debriefing kommt hinter die vordergründigen Erfolgsfaktoren: Der Erfolg hängt von mehr als nur einer guten Idee zur richtigen Zeit ab. Der Gesprächsleiter / Wissensmanager kann durch gezieltes Nachfragen einen Blick hinter die Kulissen eröffnen: Die Projektbeteiligten müssen sich erinnern und vergegenwärtigen, wie und auf welcher Grundlage sie entschieden und gehandelt haben.

Vierter Schritt: Zusammenführung und Perspektivwechsel – die Essenz des Projektes

Nachdem in der Rückschau bisher auf einzelne Aspekte fokussiert wurde, gilt es nun zu abstrahieren und den Blick auf das große Ganze zu werfen. Einzelaspekte müssen zu einem größeren Bild zusammengefügt werden, man muss innerlich einen Schritt zurücktreten, um Abstand zu gewinnen, um so das Ganze überblicken zu können.

Die Frage nach dem Wesentlichen, nach der Essenz des Projektes ist zunächst ungewohnt. Was war wirklich wichtig, woran wird man sich als Projektbeteiligter noch in fünf oder 15 Jahren erinnern, welchen wesentlichen Beitrag leistet dieses Projekt für den Fortbestand des Unternehmens? Schaut man aus dieser Entfernung auf das Erlebte, werden plötzlich andere Aspekte sichtbar, die im Tagesgeschäft leicht untergehen.

Beispiel	Essenz
Bei einem Change-Prozess wird sichtbar, wie sehr der Mut und die Zuversicht des Geschäftsführers den gesamten Prozess (und damit die betroffenen Mitarbeiter) getragen hat.	Leadership und persönliche Vorbildfunktion
Bei einer Verwaltungsmodernisierung stellt sich heraus, wie wenig in der Vergangenheit die Bedürfnisse der betroffenen Bürger bekannt waren und damit beachtet wurden.	Dialog mit Stakeholdern
Bei einer Softwareimplementierung in einem Unternehmen zeigt sich die Notwendigkeit der Standardisierung der Prozesse.	Präzise Prozessbeschreibungen

FAZIT

Der Leitfaden zeigt die notwendigen Schritte des Debriefingprozesses im Sinne der sokratischen Fragetechnik. Neben der formalen Dokumentation eines Projektes dient das Abschlussinterview der Zusammenfassung und der Reflexion. Es hilft, das Gelernte, das gesammelte Wissen aufzuarbeiten und weiterzugeben.

Doch was ist nun Wissen? Das Kapitel endet – wie die Dialoge des Sokrates – in der Aporie. Die Besinnung auf die sokratische Philosophie zeigt die Komplexität im Umgang mit Wissen in Organisationen und Unternehmen. Wissen ist keine Ware wie jede andere, Wissen ist immer personengebunden und hat einen Wahrheitsbezug, so viel wurde klar. Nur unter diesen Prämissen lässt sich sinnvoll von Wissensmanagement sprechen. Gleichzeitig bietet die sokratische Philosophie durch ihre Fragetechnik ein interessantes Instrument, um implizites Wissen zu Tage zu fördern und somit ansatzweise vermitteln zu können.

LITERATURHINWEISE

WISSENSGESELLSCHAFT

- Stehr, Nico: Arbeit, Eigentum und Wissen. Zur Theorie von Wissensgesellschaften. Frankfurt am Main: Suhrkamp 1994
- Stehr, Nico: Wissen und Wirtschaften. Die gesellschaftlichen Grundlagen der modernen Ökonomie. Frankfurt am Main: Suhrkamp 2001
- Willke, Helmut: Systemisches Wissensmanagement. Stuttgart: Lucius & Lucius 2001
- Willke, Helmut: Dystopia. Studien zur Krisis des Wissens in der modernen Gesellschaft. Frankfurt am Main: Suhrkamp 2002

WISSENSMANAGEMENT

- North, Klaus: Wissensorientierte Unternehmensführung: Wertschöpfung durch Wissen. Wiesbaden: Gabler 2002
- Oelsnitz, Dietrich von der; Hahmann, Martin: Wissensmanagement: Strategie und Lernen in wissensbasierten Unternehmen. Stuttgart: Kohlhammer 2003
- Probst, Gilbert J.B.; Raub, Steffen; Romhardt, Kai: Wissen managen. Wie Unternehmen ihre wertvollste Ressource optimal nutzen. Wiesbaden: Gabler 1999

IMPLIZITES WISSEN

- Nonaka, Ikujiro; Takeuchi, Hirotaka: Die Organisation des Wissens. Wie japanische Unternehmen eine brachliegende Ressource nutzbar machen. Frankfurt am Main: Campus 1997
- Polanyi, Michael: Implizites Wissen. Frankfurt am Main: Suhrkamp 1985
- Schreyögg, Georg; Geiger, Daniel: Wenn alles Wissen ist, ist Wissen am Ende nichts?! Vorschläge zur Neuorientierung des Wissensmanagements. In: Die Betriebswirtschaft, 2003, Heft 1, S. 7–22

8 FAZIT

Wo stehen wir heute, wie können Sokrates und die traditionelle Philosophie zur Lösung unserer Probleme beitragen? Im Mittelpunkt unserer Ausführungen stand die historische Figur des Sokrates, der seine Schüler und Mitbürger veranlasste, über das Bestehende und allgemein Anerkannte kritisch nachzudenken, der die Prinzipien und Begriffe des Denkens hinterfragte und dadurch seine Gesprächspartner anregte, zu neuen Erkenntnissen und Einsichten zu kommen. Diese Gespräche fanden immer auf der Agora, und damit in der Öffentlichkeit statt. Dabei wurden auch immer die Werte der Gemeinschaft mit diskutiert.

Sokrates bewegte sich nicht im luftleeren Raum, er war eingebunden in die Polis, war Teil der Gesellschaft und nahm dort seine Verantwortung gegenüber der Gemeinschaft wahr. Er reflektierte sein Verhalten und hielt auch seine Mitbürger an, ihr Verhalten und ihre Sitten zu reflektieren und kritisch zu hinterfragen. Mit anderen Worten: Er nahm die überlieferten Verhaltensregeln nicht einfach hin, sondern fragte nach ihrer Berechtigung und ihrer Begründung. Und – auch wenn seine Dialoge oftmals in der Aporie endeten – suchte nach alternativen Antworten auf seine Fragen. Er war auf der Suche nach Werten und Prinzipien, auf denen eine Gesellschaft langfristig und nachhaltig fußen, nach Orientierungspunkten, die ein sittliches Leben des Einzelnen wie auch der Gemeinschaft ermöglichen können.

Unsere Ausgangsfrage lautete: Was kann Sokrates und somit die Philosophie uns und insbesondere den Führungskräften in Unternehmen und in Organisationen an Handwerkszeug zur Bewältigung ihrer verantwortungsvollen Arbeit bieten? In welcher Weise können grundlegende Fragen des Führens und lebensdienlichen und damit ethischen Wirtschaftens sinnvoll erörtert werden?

Aus unserer eigenen Erfahrung werden solche Fragen in diesen Kreisen eher selten gestellt und noch seltener erörtert. Der Versuch, etablierte Verhältnisse kritisch infrage zu stellen, unterbleibt meistens; Kommunikation findet üblicherweise in Diskussionen und Präsentationen statt, die mehr der Selbstdarstellung als der Problemlösung dienen.

Hier verfügt die Philosophie über eine interessante und wirkungsmächtige Alternative: Das Sokratische Gespräch bietet die Möglichkeit, den eigenen Standpunkt zu überprüfen und einen Konsens zwischen Gesprächspartnern herbeizuführen, die zunächst unterschiedlicher Auffassungen sind. Dabei zeigt sich immer wieder, dass im Dialog, durch gemeinsames Nachdenken, durch kritisches Nachfragen und oftmals auch durch Irritation und Verwirrung neues Wissen und Verstehen gewonnen werden können. Damit erhalten Mitarbeiter- und Teamgespräche, die Vorgehensweise bei der Lösung von Konflikten und insbesondere die Weiterbildung im Bereich der Führungskräfte- und Organisationsentwicklung neue Handlungsoptionen.

Die Einzelberatung der Philosophischen Praxis bietet einen geschützten Raum, in dem jeder Gedanke gedacht und vor allem jede Frage gestellt werden kann. *„Erkenne dich selbst"* heißt, sich selbst und sein Tun und Handeln regelmäßig infrage zu stellen: Bin ich auf dem richtigen Weg, handele ich so, dass ich mir selbst noch in die Augen sehen kann? Philosophische Praxis bietet die Möglichkeit, den Dingen auf den Grund zu gehen, sich eine „Auszeit" aus dem Alltagsgeschäft zu nehmen, einen Schritt zurückzutreten und sein eigenes Denken und Handeln zu reflektieren.

Die aktuelle Finanz- und Wirtschaftskrise, ausgelöst durch Habgier und Maßlosigkeit von Akteuren der Finanzwirtschaft, aber auch denjenigen, die ihre Investitionen und Geldanlagen in einer Weise optimieren wollten, die jedem vernünftigen Wirtschaften und gesunden Menschenverstand widersprach, übertrifft alles bisher Vorstellbare an Sorglosigkeit und verantwortungslosem Managen. Sie hat gezeigt, wie wichtig es ist, das eigene Denken und Handeln, aber auch den Sinn und die Strategie von Unternehmen und Organisationen, immer wieder infrage zu stellen. Auch Politiker müssen sich fragen, welche Versäumnisse ihnen zuzurechnen sind.

Denn immer mehr Bürger zweifeln an der Lebensdienlichkeit unseres ökonomischen Systems, da die soziale Komponente verloren zu gehen droht: einerseits radikaler Abbau von Sozialleistungen, andererseits Anstieg der Sozialbeiträge. Eine Spaltung der Gesellschaft in Arm und Reich steht nicht erst bevor, sondern ist bereits in vollem Gange. Der heute schon und in Zukunft erst recht hoch verschuldete Staat wird seine sozialen Ausgaben weiter kürzen müssen; es wird kaum noch gelingen, einen Großteil der Menschen mit dem Allernotwendigsten für ein menschenwürdiges Leben zu versorgen. Diejenigen, die heute ihren Beitrag zur Fortentwicklung unserer Gesellschaft leisten, werden angesichts dieser Entwicklung nicht mit einem angemessenen Lebensabend rechnen können.

Im Januar 2009 weiß niemand, wie es wirtschaftlich weitergehen wird, welche Auswirkungen die Finanz- und Wirtschaftskrise auf die Gesellschaft, auf jeden von uns und unser demokratisches System haben wird. Banken und Versicherungen, ganze Branchen und einzelne Unternehmen durch den Staat und somit den Steuerzahler zu retten, den Konsum künstlich anzukurbeln, um die Wachstumsraten zu steigern, wird nicht ausreichen, die Welt kurzfristig aus der Krise zu führen. Es stellt sich die Frage, ob diese Maßnahmen ein im Grunde nicht (mehr) funktionierendes System am Leben erhalten können. Nur „mehr von dem Gleichen" wird nicht die Lösung sein, es muss grundsätzlich über Alternativen nachgedacht werden. Es ist höchste Zeit, dass wir uns auf die Grundlagen der sozialen Marktwirtschaft und die ethisch-moralischen Prämissen des „ehrbaren Kaufmanns" zurückbesinnen, wenn überhaupt aus dieser Wirtschaftskrise eine Schlussfolgerung gezogen werden kann.

John Maynard Keynes beschrieb 1930 in seinem Essay „Economic Possibilities for our Grandchildren" das Ideal einer Gesellschaft im Jahre 2030: Durch die bis dahin erreichte Produktivität gäbe es keinen Mangel an Gütern mehr, die wöchentliche Arbeitszeit würde nur noch circa 15 Stunden betragen und der Lebensstandard sei achtmal höher als im Jahre 1930. Geld würde nur noch als Mittel zu einem auskömmlichen und guten Leben benötigt, während Lebenszeit und Lebensenergie der Bildung, der kulturellen Entfaltung und der Beziehungspflege gewidmet werden könnten.

Wahrscheinlich wird Keynes Ideal bis 2030 nicht erreicht werden können, wäre es anzustreben nicht trotzdem sinnvoll?

Führen, leiten, managen nach sokratischer Methode ist der Ansatz, Bestehendes und Neues immer wieder infrage zu stellen und insbesondere auf seine humane, soziale und ökologische Verträglichkeit und Nachhaltigkeit und weniger auf seinen gewinnmaximierenden Nutzen zu überprüfen und, wenn notwendig, anzupassen. Es lohnt sich, die eigenen Ansichten, Urteile und Vorurteile, die etablierten Führungs- und Entscheidungsmethoden auf den Prüfstand zu stellen.

Wenn dies auch in den Führungsetagen von Wirtschaft und Politik vorgelebt würde, müsste uns um die Zukunft nicht bange sein.

Stichwortverzeichnis

246